一起去旅行

精彩纷呈的极地

时间岛图书研发中心 ★ 编绘

煤炭工业出版社

·北 京·

图书在版编目（CIP）数据

精彩纷呈的极地/时间岛图书研发中心编绘. －－北
京：煤炭工业出版社，2018
（一起去旅行）
ISBN 978－7－5020－6738－0

Ⅰ.①精… Ⅱ.①时… Ⅲ.①极地—儿童读物 Ⅳ.
①P941.6－49

中国版本图书馆 CIP 数据核字（2018）第 158930 号

精彩纷呈的极地（一起去旅行）

编　　绘	时间岛图书研发中心
责任编辑	高红勤
封面设计	汉字风工作室

出版发行	煤炭工业出版社（北京市朝阳区芍药居 35 号　100029）
电　　话	010－84657898（总编室）　010－84657880（读者服务部）
网　　址	www. cciph. com. cn
印　　刷	三河市人民印务有限公司
经　　销	全国新华书店

开　　本	710mm×1000mm$^1/_{16}$　印张　10　字数　96 千字
版　　次	2018 年 9 月第 1 版　2018 年 9 月第 1 次印刷
社内编号	20180477　　　　　　定价　25.00 元

目 录

一起去旅行

极地为什么那么冷

要说地球上哪里最冷，应该算是南极和北极了吧。但是，南极和北极为什么最冷，你知道吗？

我们都知道，在一天里，中午的气温一般要比清晨的气温高，而白天的气温一般会高于晚上的气温。这是因

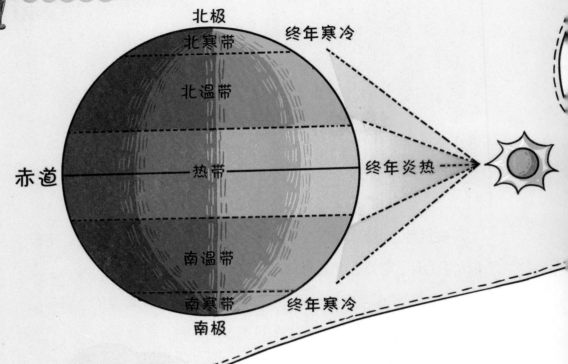

为，中午和白天接受的阳光照射比清晨和晚上多。南极和北极处于地球的两端，接受的阳光照射相对较少，因此就成了地球上气温最低的两个地方。而赤道地区接受的阳光照射最多，因此，那里的气温也最高。

除了阳光照射这个因素以外，还有其他的原因造成了南北两极的最低气温。不管是南极还是北极，大部分地区都被厚厚的冰雪所覆盖。这些白色的冰雪就像明晃晃的镜子一样，将照射它们的阳光又反射回去。要知道，冰雪对于阳光的反射率高达80％～84％呢！

这样，地面能吸收到的阳光照射较少，自然也就储存不了来自太阳的温度，所以南北两极的气温自然就最低了。北极的最低气温能达到零下四十几摄氏度，而南极的最低气温甚至可以达到零下八十多摄氏度！

所以，如果我们要去极地探险或旅游，就一定要考虑好防寒这个大问题。要知道，那里可是地球上最寒冷的地方啊！现在很多科学家和探险家去极地时，都会带上用高科技材料做成的特殊防寒服；在极地修建的考察站也都采取了各种措施来抵御严寒。只有先战胜了极地的严寒天气，才能有机会欣赏到极地的壮观和美丽的风光。

奇异的极昼和极夜

　　极地是一个既美丽又神秘的地方。这里不仅有着一望无际的皑皑白雪，而且也有着活泼可爱的动物，更有很多连最先进的科学也无法解释的谜题。今天，我们就来研究一下关于极地的特有现象——"极昼"和"极夜"。

　　什么是极昼和极夜呢？极昼和极夜是一种自然现象，是由于地球的公转和自转而产生的。像我们这些住在温带的人们是看不

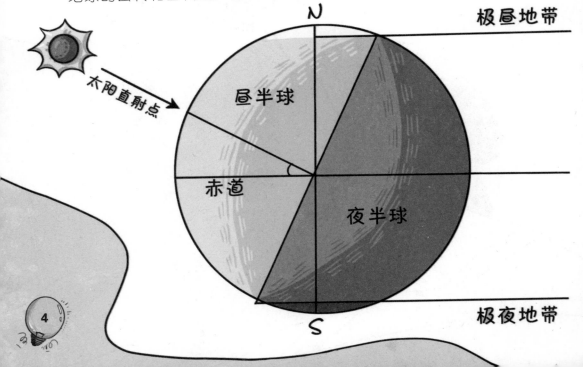

极昼和极夜现象的出现
原来是地球的公转与自
转的缘故！

到极昼和极夜现象的，只有
去南极圈和北极圈附近的地区才能
看到。

极昼，就是发生在南北两极的永昼现象。在极
昼时，太阳永不"落山"，每天都照耀着大地。
在长达6个月的极昼时期中，只有白天，而没有黑
夜。而极夜呢，正好相反。在长达6个月的极夜时
期中，太阳每天都处于地平线以下，因此每天都
是黑夜。南北两极的极昼和极夜现象是有自身规

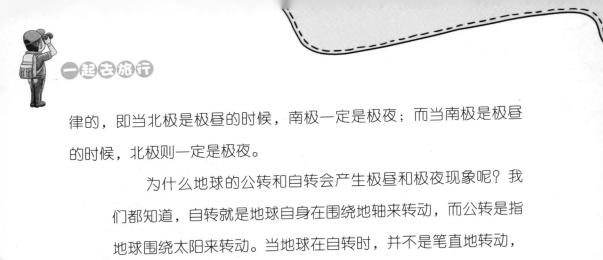

律的，即当北极是极昼的时候，南极一定是极夜；而当南极是极昼的时候，北极则一定是极夜。

为什么地球的公转和自转会产生极昼和极夜现象呢？我们都知道，自转就是地球自身在围绕地轴来转动，而公转是指地球围绕太阳来转动。当地球在自转时，并不是笔直地转动，而是稍微有些倾斜地转动。就像地球仪那样，地球的常态就是倾斜着的。正因为这样，尽管太阳一直都照射着地球，但到了每年的3月21日，也就是中国农历的"春分"这天，地球就运

当极夜来临时，即便是白天也要一直亮着灯，人们在漫长的黑暗中主要以室内活动为主。

当极昼来临时，人们要使用深色的窗帘来遮挡光线，而且在这样的环境下人们很难入睡。

行到了公转轨道上的一个区域，再加上它自身的倾斜，所以南极就会进入阳光无法照射到地面的极夜期。南极的极夜期会一直持续到每年的9月23日，也就是中国农历的"秋分"这天。到了这天，地球又运行到了公转轨道上的另一个区域，南极又进入终日被阳光照射的极昼期。与南极正好相反，北极是在春分这天进入极昼期，在秋分这天进入极夜期。

极昼和极夜现象对于生活在极地的人们来说，影响还是很大的。想象一下，在极昼期的时候，不管白天黑夜，太阳都不

落山，那么人们晚上睡觉时很难睡得好吧？而在极夜期的时候，人们在长达半年的时间里是见不到太阳的，那种感觉应该也挺难受的。生活在极地的人们会通过使用深色的窗帘来达到"人造黑夜"的效果，以保证极昼期的睡眠质量。而在极夜期则通过很多室内活动来排遣"漫漫长夜"。总之，人们在极地生活虽然有艰苦的一面，但也能找到很多别的乐趣。

与人类相比较，极昼和极夜现象对生长在极地的动植物有着更深刻的影响。在极昼期的时候，动植物需要拼命积攒营养和能量，这样才能为度过极夜期打下基础。像帝企鹅、北极熊、雪

兔等极地动物，都是在极昼的时候把自己吃得胖胖的，以便能度过缺乏食物的极夜期。还有一种有趣的极地昆虫，名字叫"轮虫"，在极昼期积攒了足够的营养和能量后，极夜一来临，它就开始睡大觉，直到极夜期结束才会醒来。

极地的极昼和极夜现象非常著名，很多人特地到极地附近旅游，就是想体验一下这种"太阳永不落山"和"每天都是黑夜"的奇特生活。如果有机会的话，你愿意去感受一下极昼和极夜现象的神奇吗？

什么是地球的公转和自转？

地球围绕太阳不停地转动叫作地球的公转。地球公转的周期是一年，公转的方向是自西向东。地球围绕太阳公转的轨道呈椭圆形，太阳位于椭圆的中心点上。地球的公转是地球上四季的变换的主要原因。

地球在围绕太阳不停转动的同时，自己也在不停地转动，叫作地球的自转。地球自转一周的时间大约是一天，也就是24个小时。白天与黑夜相互交替就是地球自转的结果。

人类能在**极地**居住吗

　　人类虽然没有企鹅那样丰厚的羽毛，也没有北极熊那种厚厚的皮下脂肪，但人类凭借聪明的头脑和各种先进的技术手段，一样能够像这些极地动物一样，舒适地生活在寒冷的极地。

　　极地都住了些什么样的人呢？这里的居民主要分为三类：第一类是土生土长的极地土著居民，比如因纽特人；第二类是因为工作需要，必须去极地搞科研调查的科学家；第三类则单纯是去极地探险和旅游的"外来人员"。

　　在极地生活可不是一件简单的事。首先，你要想办法战胜极地的寒冷天气；其次，你需要在一片冰天雪地里找到能吃的东西。只有解决了这两大难题，你才有可能在极地站稳脚跟。

　　南极比北极更加寒冷，因此南极的生存难度对人类来说更大一些。像北极还有因纽特人、楚科奇人、亚库特人、鄂温克人和拉普人这些土著居民，而南极则根本没有土著居民，因为那里的生存条件实在太恶劣了。

　　因纽特人又被称作爱斯基摩人，是极地居民中人口最多的族群。据说，他们的祖先是

中国北方人，在一万多年前就跨过冰封的海峡，迁移到了北极。顽强的因纽特人在漫长的时间里发掘了很多足以对抗北极严酷环境的生活方式，他们通过捕猎来获取生活物资，既会用冰雪砌成房屋，也能创造出独具特色的交通工具。

如果我们需要穿衣吃饭，随时可以去市场上购买。但北极可没有这么便利的条件，因纽特人需要精打细算，充分地利用猎物，只有这样才能在物资匮乏的北极生存下去。猎物的皮毛可以用来缝制衣服，猎物的油脂可以用来制作灯油进行照明，猎物的肉可以充

饥……他们甚至把猎物的骨头和牙齿利用起来，把它们做成工具或武器。

因纽特人更是本领高超的建筑大师。他们的房屋用冰雪砌成：一半在地上，另一半在地下；外部坚固，能够抵抗风雪，内部则气温适宜，可以居

猎物的油脂

住。他们还会饲养很多强壮矫健的狗狗，狗拉雪橇是他们常用的交通工具。

在过去，打猎是因纽特人的重要生活方式，因为他们的很多生活物资都来自猎物。现代的因纽特人大多都有自己的工作，比如给石油公司打工，或者从事极地的土特产交易等，对打猎的依赖性已经没有那么强了。

相对于土著民族因纽特人，其他的极地居民，严格说来，是"移民"，他们是因为工作需要才到极地去的。跟当地的土著居民相比，这里的气候对他们来说是既陌生又难以适应的。好在他们都有聪明的头脑，能够用智慧创造出舒适的居住条件。这些"移民"大多是极地科学家，当他们住在用现代化手段修建起来的考察站里

时，需要认真留意各种数据，保证考察站的一切设施都能正常运转，还要时常补给淡水和蔬果；在他们需要外出考察时，则要准备好保暖的衣物、食品、交通工具以及向导。只有细心地做好准备，才可以在严酷的极地环境中保证安全，这样才能展开更重要的工作，比如科学考察、科学实验等。

总之，尽管极地的条件很艰苦，但因为人类有智慧、勇气和经验，一样可以在这里创造出很美好的生活。

楚科奇人是什么样的？

楚科奇人，北极地区的其中一个主要原住民族。他们是古亚细亚语族中人数最多的民族，约有1.4万人。楚科奇人主要从事养鹿和狩猎的活动，偶尔也捕鱼来补充食物。他们的主要运输工具是鹿拉雪橇。

极地的人们怎样**外出**

当我们出门的时候，可以骑自行车或者乘坐汽车，那么，当极地的居民出行时，会使用什么样的交通工具呢？对于北极的因纽特人来说，主要使用的交通工具有两种：一是皮划艇，二是狗拉雪橇。

因纽特人的皮划艇非常富有民族特色。他们先用木头扎起木筏，然后在上面蒙一层海豹皮或海象皮。这两种动物的皮都是不透

16

水的，木筏外裹上一层"防水衣"，就变成了
轻便又灵巧的小皮艇。因纽特人的皮划艇大体分为两类：一类是敞
篷的"屋米亚克"，另一类是带舱的"柯亚克"。"屋米亚克"长
约9米，能承载900千克的货物或8个人。同时，这种皮划艇还非常轻
便，只需要4个人就能轻松地把它抬起来。下水时，只需要几条桨、
一张帆和几个舵手，就能把这艘长长的"屋米亚克"开起来了。此

外，还可以让狗在岸上拉纤，这样，舵手只需要掌握好放向，就能够把"屋米亚克"快速地在水中行驶起来了。"柯亚克"的体积比"屋米亚克"小，大约有6米长，1米宽，只能容纳1个人坐在舱中划桨。"柯亚克"划动起来速度很快，转向灵活，以方便因纽特人在打猎时追赶鲸鱼或海豹。

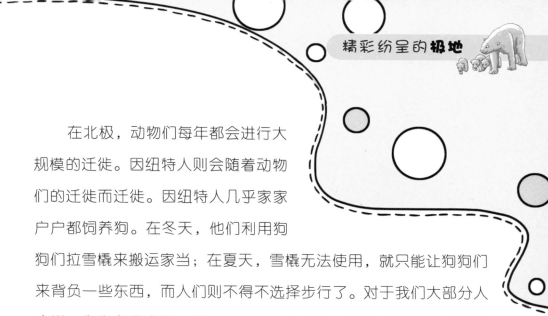

　　在北极，动物们每年都会进行大规模的迁徙。因纽特人则会随着动物们的迁徙而迁徙。因纽特人几乎家家户户都饲养狗。在冬天，他们利用狗狗们拉雪橇来搬运家当；在夏天，雪橇无法使用，就只能让狗狗们来背负一些东西，而人们则不得不选择步行了。对于我们大部分人来说，狗狗们是宠物，但对于因纽特人来说，狗狗们是他们重要的生活帮手和工作伙伴。狗能给人们的生活提供很多帮助，不过它们的口粮开销对物资短缺的因纽特人来说也是个大问题。

　　因纽特人饲养的狗可不是我们常见的小宠物狗，它们被称为爱

拉雪橇的
爱斯基摩犬

斯基摩犬，体型高大强壮，尾巴卷曲，据说还有北极狼的血统。也只有这样体格健壮、皮毛茂密的狗才能受得了北极的严寒。爱斯基摩犬经常需要在外过夜，厚厚的皮毛使它们在−57℃的低温里也能安然入睡。这样的狗狗还很勤劳能干，它们在拉雪橇的时候会排成有秩序的扇形队伍，通力合作，能把承载着重物和人的雪橇拉得飞快。据说，这些精力旺盛的狗狗能够拉着重达几百千克的雪橇，顶着风雪一直跑个七天七夜都没问题。爱斯基摩犬也能

在主人打猎的时候帮忙，通过灵敏的嗅觉找到猎物的藏身之处，并且报告给主人。当遇到大型猛兽的时候，它们都会跟主人并肩作战，直到捕获猎物。爱斯基摩犬还有看家护院的作用，一旦有陌生人闯进主人的地盘，它们就会大叫着向主人通报。

即使是现在，去北极考察的科学家也会向当地人租用爱斯基摩犬拉雪橇，在辽阔的冰原上跟这些狗狗们一起飞速驰骋。当然了，他们也会聘请本地人当向导，去户外活动的时候也会咨询这些土著居民的意见。因为，要论在北极的生活经验，谁也比不上这些土著居民！

极地探险需要带什么东西

　　南极和北极分别位于地球的最南端和最北端，那里都是酷寒无比、冰天雪地的地方，有时候还会有狂风暴雪，气候条件十分恶劣。但是，极地也有着壮观的风光，这些景致在其他地方都是见不到的。所以，极地仍然吸引着很多喜欢冒险和旅游的人。

　　去极地领略独特的风光可不是一件容易的事情。如果你想去北极，那么你首先要准备两套能够防风防寒的厚实衣服。要注意这种衣服可不是我们冬天穿的羽

23

绒服或者大棉袄，而是用高科技材料制成的防寒服，能够抵御北极酷寒。内衣则要选择合身、保暖的，可以尽量减少体温的流失。还要选择能够牢固地扣戴在头上的防风防寒的厚帽子，这是为了保护脸颊和耳朵。北极那么冷，不戴帽子的话，脸颊和耳朵可是受不的哦！除此之外，还记得要戴一副防风的太阳镜，因为北极到处都是白花花的冰雪，在强光下待久了眼睛就会受不了。靴子和袜子也是要特制的，而且要合脚，不然风雪倒灌进去可就有得受了。手套当然也是必

塑胶制品餐具

常用药品

不可少的，而且应该准备三双：一双极地手套，一双薄手套，还有一双防风手套。

其次，除了衣物之外，还要准备一些生活用品。在极地使用的碗筷不能是金属的或者陶瓷的，因为那里温度太低了，这些材质的碗筷能把人的嘴唇粘掉一块皮。而且要选择使用塑胶的碗筷，这样的材质才适合在低温状态下使用。还要带好防晒霜，因为北极的紫外线比较强烈，如果不擦防晒霜的话就会晒伤皮肤。像感冒药之

租用雪橇、雪杖及睡袋

类的常用药品，也应该带上一些，以备不时之需。去极地旅行前，应该有专业人士给予建议和指导，并且要选择有经验的人领队。总之，要把行程中出现风险的可能性降到最低。

去北极的准备工作已经很烦琐了，但如果要去南极探险，所需要做的准备工作会更多、更细致，因为南极比北极的自然环境更为恶劣，危险系数更大。所以，如果你真的想去南极探险，那么一定要在各个方面都做好充足的准备，从对南极的知识掌握，到所携带的物资装备，以及针对紧急情况的特殊训练，都是很有必要的。

极地的垃圾怎么处理？

截至目前，极地地区是地球上最干净的地区。但是，极地地区的生态环境非常脆弱，稍不小心，这片纯洁的土地就会被污染。

在进行探险或者科学考察时，大家会把产生的垃圾用塑料袋装好，放在自己的背包里面。等回到了考察站，再对垃圾进行具体的处理。如果是可回收的垃圾，就可以重新回收利用；如果是不可回收的垃圾，就带出极地地区。

极地**探险家**最怕的是什么

　　到极地去探险，可能会遇到很多突发状况。比如遇到猛兽，遇到暴风雪，或者食物不够了，交通工具突然出现故障等，每一项都可能引发危险。

　　所以，去极地探险之前，一定要做好各种准备，还要进行针对性的演练。这样，在遇到突发状况时才不至于束手无策，导致更严重的事故发生。

　　在所有的突发状况中，天气状况是最让极地探险家们头痛的。南极的天气，说变就变，很难预测。其中，有一种天气叫"乳白色

天空"，它所带来的危险性是最应该引起注意的。

那么，什么叫"乳白色天空"呢？极地的空气跟我们平时呼吸的空气是大不相同的。我们平时呼吸的空气里有部分水汽，但极地的气温太低了，这种水汽在那里就变成了无数的小冰晶。当阳光照射到这些冰晶上时，会被反射到低空的云层里，而低空的云层中也存在很多的小冰晶，这些小冰晶又会继续反射阳光。反射的次数多了，原本明亮的阳光就变成了一种令人晕眩的乳白色光线，这样就形成了白茫茫的"乳白色天空"。

乳白色的光纤会使人感到头疼、恶心，甚至会丢掉性命！

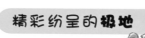

　　"乳白色天空"对人的视觉迷惑性很强。一旦出现这种天气现象，不管是用肉眼还是用飞机上的现代化仪器，都很难分辨方向。想象一下，如果是在一片茫茫白雾中，所有的参照物都消失了，你还能搞清楚东南西北吗？处于这种环境下，由于视线受到限制，人们很快会觉得身体不适，甚至恶心、头痛。

　　由此可见，"乳白色天空"对极地居民生活的危害很大。当这一现象出现时，不管人们是在滑雪还是在驾驶飞机，都会失去对方向的把握，很容易就会发生各种事故。因"乳白色天空"而造成的严重事故，在南极探险史和考察史中简直比比皆是。

　　1958年，一名飞行员在南极驾驶直升飞机时遇到了"乳白色天空"，结果飞机失控，机毁人

亡；1971年，一名美国飞行员在距离自己的考察站很近的地方遭遇了"乳白色天空"，随后与基地失去联系，至今下落不明。

　　尽管"乳白色天空"对极地居民的生活危害很大，但是只要事先进行了针对性的训练和采取了一些安全防范手段，这些危害也是能够得到避免的。当你在极地探险时，如果遇到"乳白色天空"，应该立即绕道而行；如果是在进行考察活动，那么应该立刻停止，尽量待在原地等待救援，或者静等这种现象消失。无论如何，当遭遇"乳白色天空"时，一定要保持清醒，冷静处理，千万不能失去理性，到处乱撞而发生更严重的危险！

"乳白天空"虽然可怕，但只要事先进行了针对性的训练，采取了安全防范手段，危害依然是可以避免的。

极地的**冰川**

　　小朋友们，你们看过《冰河世纪》这部动画片吗？那里面有三个主要角色——正直善良的猛犸象、聪明勇敢的剑齿虎和总是唠叨不休的树懒，一定让你们印象深刻吧？除了既搞笑又感人的故事情节之外，这部动画片还描绘了冰川时期地球上的壮美景观。那么，冰川又是什么样子的呢？

　　在动画片里我们能看到，冰川是由像山川那么高、像平原那么广阔的冰雪组成的。因为极

地和高海拔地区的气温非常低，那里下雪之后常年不会融化，日积月累，就变成了巨大的"冰山"，把陆地和高山都盖住了。因此，冰川的形成必须具备两个要素：第一是降雪量，没有降雪是无法形成冰川的；第二则是常年的低温条件，否则冰雪就会很快融化。另外，冰川覆盖着的高山也不能太陡峭，否则冰雪就会无法固定，冰

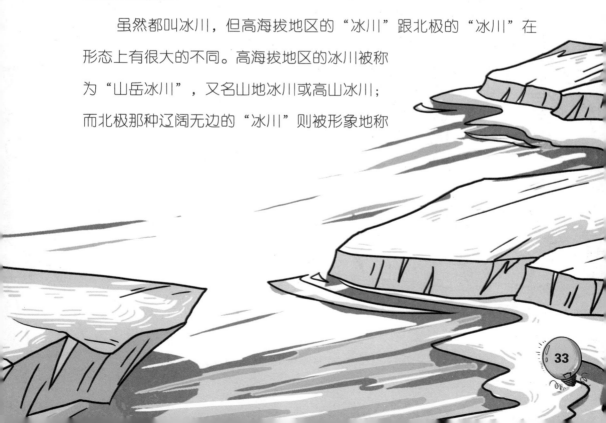

川也就无法形成了。

　　由于海拔高，气温就低，所以在一些高原、高山地区，也能够看到冰川。但是冰川最大、最壮观的地区，当然是在地球上最冷的南极和北极啦！

　　虽然都叫冰川，但高海拔地区的"冰川"跟北极的"冰川"在形态上有很大的不同。高海拔地区的冰川被称为"山岳冰川"，又名山地冰川或高山冰川；而北极那种辽阔无边的"冰川"则被形象地称

为"大陆冰盖"。

壮观的冰川并不是静止的，它们时时刻刻都在进行着悄无声息地移动。冰川为什么会移动呢？这主要是由于重力的作用。冰川移动的速度一般很慢，用肉眼是观察不到的。但是，也有些冰川在缓慢地移动之后，突然出现爆发式的推进。

冰川也不是整座移动的。由于重力的作用，冰川的下部

要比上部的移动速度快，两边的移动速度要大于中间的移动速度。

而且，冰川里除了冰之外，还有很多气泡。气泡如果较多的话，冰

川就会呈现乳白色；气泡如果较少的话，冰川就会更晶莹透亮一

些。南极有一些历时弥久的冰川，科学家通过研究里面的气泡，就

可以得知冰川形成时的大气形态呢！

人类能住在**冰雪房子**里吗

哪里有用冰雪做成的房子？在北极就有。北极的土著居民因纽特人会用冰雪修建房子，这种房子被他们称为"伊格鲁"。

人们盖房子一般都会就地取材。我国西南地区的少数民族会用当地盛

产的竹子来搭建竹楼；在西北的
黄土高原上，人们会在当地的黄土坡上挖窑洞居住；
在北极，因纽特人没有竹子、砖和土，于是就选择用大冰块来修
建他们的房子。这种"冰屋"很坚固，在常年低温的北极根本不
用担心它会融化，屋里面长年点着海豹油灯，可以用来照明和取
暖。这种"冰屋"是球形屋顶的，因为球形设计既能防风，又
能负载很厚的冰雪。"冰屋"还有窗户，窗户上蒙着由
各种海兽肠子做成的"窗户纸"，可以用来采光。

因纽特人居
住的"冰屋"是极
地特有的建筑。

也许你会问，这种冰雪砌成的屋子，里面难道不冷吗？告诉你吧，真的不冷。首先，修建冰屋的"冰砖"之间贴合得非常结实，密不透风，寒风无法闯入，室内的温度自然就比外面要高；其次，冰是不导热的物质，"冰屋"的隔热能力非常好，外面的寒冷无法传入室内，室内的温度自然也不会散发到外面。因此，在北极的室外温度达到零下几十摄氏度的时候，室内的温度仍能保持在零下几摄氏度。这个温度对我们来说还是有些冷，但对穿着厚皮袄、从小就适应极地苦寒天气的因纽特人来说，已经算非常温暖了。

　　想象一下，在白雪皑皑的北极大地上，因纽特人的"伊格鲁"像小馒头一样点缀其中，是不是很有趣呢？但是，修建一座"伊格鲁"可不是一件容易的事呢，这项工作需要很高超的技艺才行。北极的暴风雪是很厉害的，"伊格鲁"要足够坚固才能经受得住。

　　在建筑学上，球形是最为坚固的形状，而伊格鲁的屋顶就是球形的。因纽特人先用大的冰雪块儿围成一个圈，然后逐渐往屋顶堆砌，中间不留一点缝隙。而且，在大体结构成形之

后，还会在上面浇一点水，好让冰雪块儿牢牢冻在一起。那么伊格鲁的球形屋顶到底坚固到什么程度呢？就是让几个小孩子在上面蹦蹦跳跳都不要紧，因为它的抗压能力非常强。

现在，很多因纽特人已经搬迁到有供暖设施的

现代化住宅里了，只有极少数因纽特人还维持着传统的生活方式。但是他们创造的独特建筑"伊格鲁"，仍然是让很多建筑设计师都赞叹不已的杰出作品。

中国有哪些极地探险者

　　不管是在南极还是北极，现在都有中国建立的考察站。在南极的是长城站和中山站，而在北极的是黄河站。但是，你知道是哪个中国人最早踏上极地的吗？

　　这个问题迄今为止没有标准答案。据传说，我国的大禹是最早

去过北极的人。在民间传说中提到，大禹曾去过"终北国"。 这个"终北国"在北面很远的地方，那里没有鸟兽虫鱼，也没有花草树木，所以有人认为"终北国"可能就是北极附近地区。如果"终北国"的传说是真的，那么，大禹大概就是我国"极地探险第一人"了！

与传说相比，有确切记载的、真正踏上南极洲的第一个中国人，名字叫董兆乾。他

南极点

最早到达南极点的中国人！

是一位科学家，在1979年受澳大利亚政府邀请，参加他们的考察队去了南极，成为有历史记载的、最早在南极留下足迹的中国人。中国第一个徒步考察南极的科学家是蒋家伦，而最早到达南极点的中国人，则是高钦泉与张坤成。这两位科学家于1985年受美国方面邀请去南极进行卡学考察，到达了位于南极点的"阿蒙森–斯科特"考察站。

中国第一位徒步穿过南极、到达南极点的，是中科院的秦大河院士。他经历了重重的考验，在南极徒步行走了将近10个月，行程

有5000多千米，终于横穿了南极大陆，在1990年3月3日顺利结束了考察。他徒步走过了南极很多危险地区，甚至到过南极洲的"不可接近地区"，采集到很多珍贵的冰雪样本，推动了冰川学的发展。

虽然我们不知道究竟是哪个中国人最早踏上这片神秘的极地，但是，正是因为一位又一位科学家不畏艰险、亲临极地去进行科学考察，所以我们对极地的了解才会越来越多。而这些勇敢而富有智慧的科学家们，值得我们永远尊敬。

什么是极点？

地球的最南端叫作南极点，地球的最北端叫作北极点。在极点上只有一个方向，在南极点上任何一点的方向都是北方，而在北极点上任何一点的方向都是南方。有意思的是，在南北极点，只要围绕着极点走上一圈，三五秒钟就能绕地球一周。

漂亮的**极光**是怎么形成的

你知道什么是极光吗？这是自然界中一种非常美丽的现象，它甚至比彩虹还要漂亮。因为彩虹是静静地挂在天上的，极光不仅有斑斓的颜色，还会不停地变换形态。你说极光是不是比彩虹还要炫丽呢？

在我们非极地地区一般很难见到极光，它大多发生在南北极地区的上空。极光非常漂亮，既像烟花，又像城市里的霓虹灯，五彩斑斓，变幻万千。神秘、华美的极光，每年都能吸引大批游客去极地附近观看。

极光之美在于它的千变万化。有的极光在绚烂过后倏忽不见，而有的极光却犹如一条美丽的彩带，在空中优雅起舞，经久不散。想象一下，如果辽阔的天空中出现这样色彩鲜艳、姿态万千的炫烂极光，那该是怎样一幅宏伟壮观的画卷啊！

漂亮的极光是怎么形成

宇宙中带电的小颗粒与地球的大气层剧烈地摩擦，产生绚丽的光芒，这些光芒就是极光。

的呢？浩渺的宇宙中有着无数带电的小颗粒，它们被称为荷电粒子。这种荷电粒子会被地球的磁场所吸引，并朝着磁极下落。在这个过程中，荷电粒子与大气层剧烈地摩擦，就产生了极光。因为地球上磁场最强的地方就是南极和北极，所以大部分极光都发生在这两个地区。

据观察者介绍，极光还会带来一些声音，比如像远处传来的噼啪声或者轰鸣声等，有些需要人特别注意才能分辨出

来。科学研究表明，极光的这些声音也是跟荷电粒子碰撞大气层产生的地磁干扰有关。

虽然极光很美丽，但是也会让人们觉得头痛，因为产生极光的荷电粒子所造成的地磁干扰会影响到生活中的很多方面。无线电和雷达会被干扰信号，输电线也会受到影响，甚至造成停电的状况。

因此，科学家们还在对极光进行研究，也许有一天，我们能够把极光的力量利用起来，让它为人类造福。

其他星球也会发生极光吗？

既然极光是带电的小颗粒与地球的大气层剧烈摩擦产生的，那么宇宙中的其他星球也会发生极光现象吗？答案是肯定的。科学家们在木星和土星上也观测到了极光现象，金星和火星上也会发生极光现象。相信随着人类科学技术的进步，我们能在宇宙中更多的星球上发现这种美丽的自然现象。

极地有什么珍贵的资源

也许你会问："极地那么冷，除了冰就是雪之外，还会有什么珍贵资源呢？"告诉你吧，在冰天雪地的极地世界里，珍贵资源可真不少呢。现在世界各国都在加大对极地的考察研究，都想要把极地的丰富资源切实地利用起来。

南极虽然比北极要寒冷得多，但南极的海洋里可是热闹得很呢！这里不仅有大量的鱼类，还有很多海狮、海象等海洋动物。南极磷虾可是非常有名的，它既味道鲜美，又营养丰富。据研究

表示，南极磷虾的综合营养价值比牛肉还要高呢！而且南极磷虾的数量非常多，只要每年的捕捞量不超过5000万吨，就不会影响南极地区的生态平衡。

南极还有着充足的淡水资源。在这里，巨大的冰川所储存的淡水，能够供全地球的人类使用7500年！可以说南极是人类最大的淡水资源库了。因为南极人迹罕至，没有工业污染，而且气温极低，很多有害病菌都不能在这

南极附近的海洋中，还有很多营养丰富的磷虾，它们不仅美味可口，而且营养价值也十分丰富。

里生存，所以南极的冰雪都是十分纯净的，融化之后能够直接饮用。现在，每年都会有商业公司派船到南极去拖冰山，然后把它们加工成饮料来出售。据统计，这种"全世界最纯净的饮料"深受大家的欢迎。

南极的矿产资源也非常丰富。这里有多达220种的矿产，不仅有大片的油田，甚至还有直接暴露于地表的煤矿。在资源匮乏的今天，不得不说南极真是一个巨大的宝库！

北极也同样有着丰富的矿产资源。北极有个名字，叫作"第二个中东"，意思是北极的石油和天然气资源能

够和中东相媲美。据科学家们统计，北极所蕴藏的石油量占全球未开采石油的13%！而天然气的储存量则占世界天然气总储存量的30%！北极还是有名的钻石矿区，很多大品牌的珠宝商都用北极钻石制作成璀璨耀眼的珠宝来出售。

在北极还生活着许多皮毛洁白而厚密的动物。在过去，像雪狐毛、雪兔毛这种保暖又美观的动物皮毛在市场上大受欢迎。但是现在人们有了保护动物的意识，除了本地的因纽特人

煤

石油

石油

动物皮毛

外，其他人在极地捕猎都属于违法行为，更会受到很严厉的惩处。

南极和北极都是大自然给人类的宝藏，但如何能好好利用这些宝藏，不被眼前利益驱使而把宝藏毁于一旦，是各国都有义务来认真考虑的问题。由于全球气温变暖，已经影响到了极地的冰川，如果这种情况不加以遏制，冰川融化的速度加快，就会大大影响到极地生态的方方面面。保护极地资源，保护我们的自然环境，在与环境和谐共存的前提下实现社会的进步发展，是我们每一位地球公民的责任。

北极星为什么看起来是不动的

如果你在野外迷路了，你知道怎样来分辨方向吗？方法其实有很多，比如在白天可以观察太阳，还可以根据大树的树叶哪一面比较茂密、小河沟里的苔藓哪一面比较多来辨认南北等。如果是在晴朗的夜晚，那就可以通过寻找北极星来辨认方向了。

北极星

北极星是北方天空中最亮的星星，很好识别，而且它的位置

总是稳定不变的。在很古老的时候，人们就通过北极星来辨认方向的，只要在夜空中找到了它，也就找到了北方。

北极星是小熊星座中的一颗恒星，是小熊的尾巴尖上最亮的一颗星星，离地球有323光年那么远。这个"光年"是长度单位，1光年大约为9.46万亿千米，小朋友们可以想象一下北极星离我们有多远。

北极星为什么挂在天上一动不动呢？这个其实跟地球的自转有关。地球其实是在一刻不停地旋转着，这样我们生活在地球上的人就会产生太阳、月亮、星星"东升西落"的错觉。但是北极星的位

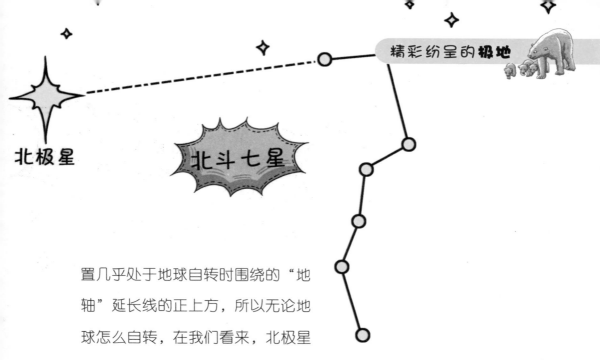

北极星

北斗七星

置几乎处于地球自转时围绕的"地轴"延长线的正上方，所以无论地球怎么自转，在我们看来，北极星始终是在北方。也许你要问，地球除了自转外，还要公转的呀，它公转的时候北极星也是处于"地轴"延长线的正上方吗？答案是肯定的，因为北极星距地球太远了，它离地球的距离已经远远超过了地球公转的半径，所以地球公转、地轴变化对于北极星的观测位置几乎没有影响。

但准确地说，北极星并不是在"地轴"延长线的正上方，它与"地轴"延长线其实是有一个很小的偏角的，所以北极星其实也在变动，只不过它是围绕一个很小的圆圈在不停地运动，所

在漆黑的夜空中，北极星是能见度最高和位置最稳定的星星。

北极星并不是一颗位置不变的星星。每隔25800年，就要循环一次。

以在地球上的我们看来，它的位置依然是很稳定的。

　　这是因为在我们肉眼看来，北极星的位置几乎是一成不变的，它周围的星星则因为地球的运转而不断变化，所以北极星在古代备受人们的推崇，古人认为其他的星星都围绕着北极星而转，所以北极星的地位非比寻常，是一颗非常尊贵的星星。这种观念虽然带有一些迷信色彩，但北极星千百年来都用自己的星光为人们指引方向，我们确实应该向它表示感谢呢！

南极的**陨石**为什么那么多

南极的陨石极多，为了更多地获得南极的陨石，很多国家都派出了无数的科考队去南极收集陨石。

那么，南极的陨石为什么这么多呢？是因为那里磁场很强，所以能吸引陨石吗？其实不是的。在世界各地，陨石掉落的几率都差不多，只不过南极陆地面积大，人迹罕至，所以陨石更容易被保存

南极的陨石

和发现。陨石掉到南极会被冰雪覆盖，由于冰川的运动，这些陨石终有一天会被暴露到地表上。在一片皑皑白雪中，黑色的陨石特别醒目，更容易被发现，所以南极自然就成了出产陨石的"宝库"啦。在南极，曾经有同一地区先后被发现了5500颗陨石的惊人记录。

南极的陨石不仅数量多，而且"质量"好。为什么这么说呢？因为陨石掉落到地球其他地方的话，很有可能遭受日晒雨淋，或者

遭到苔藓侵袭，往往被破坏得伤痕累累。而掉落到南极的陨石，很快会被冰雪覆盖。被冰雪包住的陨石就像穿了一层"衣服"，因而能够躲过风化侵蚀。南极的温度这么低，植物和真菌无法生长，南极陨石就又少了一层威胁。这种没有被破坏的陨石当然就具备了更高的研究价值。而且在南极发现的陨石还比较"长寿"，一般的南

极陨石寿命都有几十万年，更"老"一点的连几百万年的都有。

除了数量和质量外，南极陨石还有着丰富的类型。有的南极陨石来自月球表面，是研究月球的无价之宝；有的南极陨石则来自火星，让人们能够一窥火星的发展历程；还有的南极陨石，科学家们甚至还无法研究出它们究

南极陨石可以称得上是探索宇宙奥秘的一把金钥匙！

竟来自哪个星球。这些陨石类型丰富，是掉落到地球其他地方的陨石所不能比的。

　　陨石有着重要的作用，它是开启宇宙研究、探索宇宙奥秘的一把金钥匙，所以南极作为出产陨石"宝库"，实在是我们应该特别重视和珍惜的宝贵资源地。

南极的冰块为什么会"唱歌"呢

看到这个标题，很多小朋友一定会笑起来。人会唱歌，黄莺会唱歌不稀奇，哪有冰块会唱歌的呢？

你可不要笑，南极的冰块确确实实会"唱歌"。如果把一块来自南极的冰块放入水中，它真的会噼啪轻响，唱出悦耳的"小曲儿"。

南极的冰块为什么会唱歌呢？因为南极的冰川都

是很久以前就形成的，冰川底部的冰块形成的年代最久，由于重压的缘故，里面的气泡会被封闭。在长年累月的重压之下，冰川底部的冰块已经发生了很大的变化，那些冰块颗粒变得更加细密紧致，由于这些冰块颗粒对光线的折射，致使它们散发出一种蓝幽幽的光芒。这种蓝色冰块就是会"唱歌"的南极冰，它们再次遇到水之后就会开始融化，里面被封闭的气泡就会爆炸作响，这种声音在人们听来，就是一首热闹的"小曲儿"了。

那么北极的冰块会不会唱歌呢？答案大概会让你失望了。北极的冰块不会唱歌，因

南极的冰块
放入水中会"唱歌"

65

为北极的温度比南极高，无法形成那种经年累月的巨大冰川，没有巨大的冰川也就没有重压之后形成的那种蓝色冰块，因此也就不会"唱歌"了。

南极的温度极低，细菌和真菌无法在这里生存，因此，这里的冰块是极其纯净的，可以直接食用。在南极进行科学考察的科学家们，偶尔会喝点烈性酒来暖暖身子。他们会将蓝色的冰块扔入酒杯中，一边倾听冰块的歌声，一边品尝甘冽的美酒。

　　在运输业高度发达的现代，"会唱歌的冰块"已经不仅仅是南极科考队员的福利了，普通的市民也有机会品尝一下这种来自极地的美味。在上海举办的一次公益活动中，3位幸运的市民就尝到了添加南极冰块的红葡萄酒。他们一边听着南极冰块唱着清脆的"噼里啪啦"的小曲儿，一边感受着红葡萄酒的醇香，真让人不得不称赞大自然的神奇啊！

南极也会有"绿洲"吗

绿洲，不是只存在沙漠之中吗？为什么冰天雪地的南极也会有绿洲呢？那里的绿洲里又有些什么样的动物和植物呢？

其实，南极并不是只有一片单调的白色哦。在

南极广阔的皑皑白雪中，也存在着极地"绿洲"。

但是，大家千万不要以为南极的绿洲跟沙漠里的绿洲是一回事。南极气温很低，绿色植物根本无法在这里生长。我们所说的极地"绿洲"，指的是那些气温相对较高、无冰雪覆盖的区域，又称"白色沙漠绿洲"或者"无冰区"。

在1974年，美国的一架飞机在南极大陆上空飞行时，领航员班戈突然发现飞机下面有一片没有被白雪覆盖的土

地。这里是一个奇特的山谷，它的周围有高大的冰川，仿佛形成了一道"挡风墙"，把寒冷的风隔开，里面的温度相对较高，所以山谷里的小湖泊都没有结冰。可以想象班戈的惊讶——在天寒地冻的南极，竟然有这么一小片波光粼粼的湖泊！后来，人们就将这片"绿洲"以发现者班戈的名字命名，称它为"班戈绿洲"。

南极的绿洲比沙漠中的绿洲还要少见。在整个南极大陆，绿洲所占的面积是很小的，只占南极洲总面积的5%。但是，这些小小的绿洲对南极的生态系统来说却有着极为重要的作用，很多阿德利企鹅都以南极的绿洲为家，在这里繁衍生息。一些鱼类、虾类，也都喜欢聚集在这里，与久违的空气做一下亲密接触。

　　除了班戈绿洲之外，南极还有南极半岛绿洲、麦克默多绿洲等，这些绿洲都各具特色。像班戈绿洲，它占地约500平方千米，地面上有很多岩石和湖泊。班戈绿洲的大岩石都布满了小洞，这是因为南极风大，吹起的沙石雪粒把石头打成了"大蜂窝"。这里还有不少小的湖泊。这些湖泊都是冰雪融化后形成的，多为淡水湖，也有一些是含盐度不高的咸水湖。这些湖泊水质清澈，颜色各异，有的是深绿色，有的则是淡绿色。如果从飞机上往下看的话，就像一块块碧绿的宝石点缀在白雪间，分外美丽。

　　这些湖泊可不光只是看起来漂亮，而且水里面还富含浮游生物，非常丰饶，为南极磷虾提供了大量的食物。一旦南极磷虾的数量多了，以磷虾为食物的阿德利企鹅也就可

以吃得饱饱的。这也是为什么阿德利企鹅以班戈绿洲为家的缘故。

你一定又会问：那么，到底是什么原因形成了南极的"绿洲"呢？对于这个问题，科学家们还没有形成统一的意见。有的学者认为，绿洲的形成跟南极火山有关。比如麦克默多绿洲就位于埃里伯斯火山附近；有的学者则称，绿洲的形成跟太阳照射和岩石成分有密切关系，比如南极半岛绿洲，它位于南极圈以外，接受阳光照射的时间长，因此气温相对较高。这里同时

又是赤褐色的火成岩地区，便于吸收热量。可以说，这些都是绿洲形成的有利条件。还有一些科学家认为，绿洲的形成跟南极大风有关系。在一些偶然条件下，大风吹走了冰块，露出了水面，流动的冰原受到冰架的阻碍，于是又产生了大段的裂缝，时间一长，就形成了一处有水无冰的南极绿洲……这些说法各有其合理性，但真正的原因到底是怎样的，还需要我们进一步去探索。

臭氧层上的**大洞**是怎么出现的

臭氧是什么呢？是很臭的氧气吗？哈哈，当然不是了。臭氧是一种气体，在常温下，它是淡蓝色的，带有一种特殊的气味。

在地球的表面，有一层很薄的臭氧层。可不要小看它哦，它可是地球的保护神。有了臭氧层的过滤，太阳光中的大部分紫外线都会被吸收，这样我们才能够安全地在阳光下活动。如果失去臭氧层的保护，我们的生活就会受到很大的威胁。科学家们已经发现，哪怕臭氧层只是变薄，都会降低它吸收紫外线的能力，相应地，人们得白内障、

免疫系统缺陷和发育停滞等疾病的风险都会大大增加。如果臭氧层彻底消失，地球上的一切生命也就会随之消失。

坏消息是，在南极的上空，臭氧层已经出现了大洞，而这也已经对附近地区的居民造成了很坏的影响。智利南端靠近南极，那里的人们如果要出门，必须把他们所有暴露在外的皮肤都涂抹上防晒霜，还要戴上太阳镜，否则只需半小时，皮肤就会被严重晒伤。不仅是人类，连动物们都饱受臭氧层破洞的危害。智利南端的野兔大都患有白内障，几乎是看不见任何东西的。据说在那里抓兔子非常简单，因为兔子近乎失明，毫不费力地就能逮到它们。在智利南端

河里的鱼，也有很多都是"瞎子"。可以想象一下，如果臭氧层彻底被破坏的话，我们的地球将会变成什么样子呢！

你一定会觉得很可怕吧？那么，对地球如此重要的臭氧层，怎么会出现大洞呢？原因跟一种名字叫"氟利昂"的化学物质有关。在过去，氟利昂被用作空调和冰箱的制冷剂，在这些家电报废之后，里面密封的氟利昂就会扩散到大气中。这种物质需要将近一个世纪的时间才会被分解消化，而在它分解消化的过程中，会耗费大量的臭氧。据科学家们研究，一个氟利昂分子，

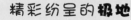
需要10万个臭氧分子才能被分解消化掉。所以，氟利昂对臭氧层的破坏性是相当强的！现在，南极和北极上空都已经出现了臭氧层的空洞。南极上空的臭氧空洞尤其大，而且还在不断扩大，如果我们不采取行动，那么臭氧层真的会被破坏一空！

人们已经意识到了臭氧层对于地球的重要意义。为了保护臭氧层，在1987年，一些主要工业国签订了《蒙特利尔公约》，约定逐步取消使用氟利昂等危害臭氧层的化学物质。1995年，联合国大会确定将9月16日作为"国际保护臭氧层日"，以此

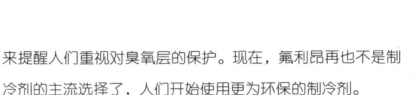

来提醒人们重视对臭氧层的保护。现在，氟利昂再也不是制冷剂的主流选择了，人们开始使用更为环保的制冷剂。

尽管人们已经开始采取措施来保护臭氧层，但臭氧层自我修复的速度是很缓慢的，臭氧空洞和它所造成的坏影响依然存在。据我国科学家研究，臭氧层的修复在未来很长一段时间内都不可能出现突破性的进展，所以我们对臭氧层的保护任重而道远。

原来**南极**比**北极**冷多了

  南极和北极分别处于地球的南北两端，但是两个极地的温度可是大有不同的。据科学家研究，北极点的年平均温度是–23℃，而南极点的年平均温度则为–49℃，南极点比北极点的温度要低近26℃呢。为什么同样都是极地，南极却比北极冷这么多呢？

  第一，南极的海拔要高于北极。一般来说，海拔越高，气温越低，海拔每升高1000米，气温就会下降6℃左右。南极比北极海拔高那么多，气温自然就比北极低了。

第二，气温跟空气密度也有关系。海拔高的地方空气就会变得稀薄，因为南极比北极的海拔高，所以南极的空气就相对稀薄一些。空气稀薄，保温能力也就下降了。这是南极温度大大低于北极的另一个原因。

第三，南极不下雨，所有的降水都以冰雪的形式降落在南极大陆，不会融化成水然后流回海洋中，所以南极的大部分地区都覆盖着厚厚的冰雪。这样的南极就像一大块滑溜溜的镜子，把所有照向它的阳光都反射了回去。很少吸收阳光的热量，这是南极气温低的第三个原因。

第四，南极属于大陆，而北极大多数地方则是海洋，只有少数是岛屿。海洋吸收热量的能力比陆地要高，在长达半年的极昼中，北极的海洋吸收了很多的热量，所以在极夜来临的时候，海洋就会释放它所吸收的热量，这样就使北极的温度比南极高了很多。

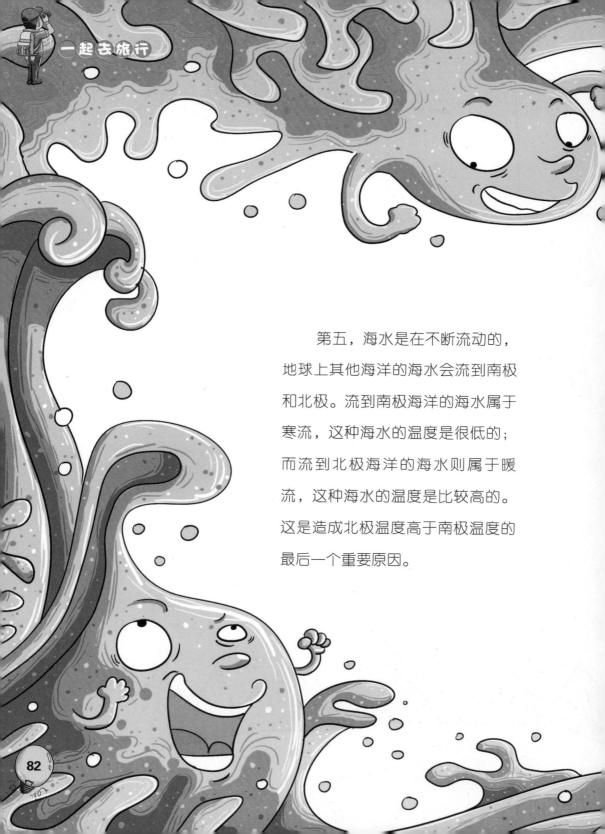

　　第五，海水是在不断流动的，地球上其他海洋的海水会流到南极和北极。流到南极海洋的海水属于寒流，这种海水的温度是很低的；而流到北极海洋的海水则属于暖流，这种海水的温度是比较高的。这是造成北极温度高于南极温度的最后一个重要原因。

南极上有**活火山**吗

什么叫活火山呢？就是那些会喷发岩浆的火山。在南极这片冰天雪地里，会存在活火山吗？

在南极的确有活火山。欺骗岛，就是其中之一。

这个名字是不是很有趣呢？据说，在某一天，几个捕鱼人出海打渔，在漫天大雾中发现了一个岛。可过了几天，海水一上涨，这

个岛却不见了，直到又过了一段时间，它才重新出现。这几个捕鱼人称它为"欺骗岛"，意思是它消失的时候就像根本没有存在过一样。

欺骗岛是属于南极洲的活火山之一，位于南极半岛的东北端。远古时期，南极的海底火山喷发后留下的火山岩形成了如今的欺骗岛。在1967年，欺骗岛的火山还爆发过一次。

那一次的火山爆发特别猛烈，一直持续了十几天。当时岛上有智利、阿根廷、英国3家考察站，还有挪威的一家鲸鱼加工厂，全部化为灰烬。幸亏科学家们提前预报了这次火山爆发，岛上的人们都提前进行了撤离，所以才没造成更严重的危害。

在这次火山爆发后，岛上出现了几处温

泉，欺骗岛由此成了一处旅游胜地。

除了欺骗岛之外，在南极的罗斯岛上还有一座活火山，叫作埃里伯斯火山。跟暂时宁静的欺骗岛不同，埃里伯斯火山一直处于喷发的状态，火山口常年持续冒着烟气。

在南极这片大陆上，既有终年积雪的巨大冰川，又有时常喷发的活火山，展示着"冰与火"的壮美景致，让人不得不感叹大自然的伟大与神奇。

南极为什么风很大

南极是风的世界。在我们这里，如果预报有12级的台风，大家就会如临大敌，做好各种防范措施。但在南极大陆，12级的台风是家常便饭，12级以上的台风都算不了什么。科学家们曾经在南极检测到100米/秒的大风！这是地球上最大的风，这种风的破坏力是台风的10倍！天天都过着大风吹的日子，无怪乎南极又有一个名字叫作"地球的风极"了。

在南极进行科学考察的科学家们，最头痛的就是南极的大风了。这里温度本来就低，再加上大风，人们会觉得更冷。如果你在南极遇到大风，尽可能躲在温暖一点儿的地方，实在没有这样的地方，宁可在冰雪里面挖一个洞躲藏，也不能暴露在外面，因为大风会使人冻伤甚至冻死。而且，南极那样的大风很可能会把人吹走。南极的日本考察站就曾经发生过这样的事故，一位科学家在室外喂狗，被突如其来的大风吹得无影无踪，直到一年后，人们才在4.2千米外的地方找到了他的尸体。由此可见，南极的大风是多么可怕！

世界各地都刮风，为什么偏偏南极的风会这么大呢？这是因为

　　南极的气温太低了，导致上方的空气会急剧收缩，其他地方的空气因此就会向这里挤压过来，这就造成了快速的空气流动，形成了强有力的大风。再加上南极地势平坦，没有什么阻碍，大风于是就"四处横行"了。

　　所以我们说，如果是要去南极，带的衣物、手套、帽子和鞋子等不仅要保暖，还要防风，这样才能防止大风灌

进衣服里冻伤身体。如果遇到大风，就必须立刻返回考察站或者就地寻找避风的地方，千万不可暴露在大风能吹到的地方。

不过，南极大风虽然很可怕，但只要能有效地利用它，它也是能够为我们服务的。在南极，很多考察站都是用风力发电的，我国的中山站使用的就是风力供电设备。由此可见，只要我们能够充分地开动脑筋，再可怕的力量就可以为我们所用。

为什么说冰川融化了会很糟

近年来，随着人类科技的发展和社会的进步，对燃料的需求和消耗都大大增加了，大量的二氧化碳被排放到空气中。这类气体被称为"温室气体"，因为它们具有吸收红外线、保存红外热的能力。温室气体的大量增加，使全球的气温变暖，出现了"温室效应"。

也许有的小朋友会天真地想：变暖就变暖吧，也没什么不好啊。可是，万事万物都是有联系的。如果气候变暖，那么极地的冰川就有可能融化，随后就会引发自然生态系统的失衡。南北两极有那么多的冰川，要是它们全部融化，那对地球来说，会是一场很严重的灾难。

如果冰川全部融化，最直接的后果就是海平面上升，这会给沿海居民带来危害。假如，在孟加拉国，海平面每上升一米，就会导致数百万人失去家园。像荷兰这种大部分领土都低于海平面的国

家，则会被整个儿淹没。而我国的上海、香港这种岛屿城市，也会被海水侵蚀。

冰川融化，海平面上升导致部分陆地被淹，这还不是最坏的结果。我们都知道，海洋吸收热量的能力要高于陆地，如果冰川融化，海洋面积扩大，那么海洋吸收的热量也就更多，这会加剧全球气候变暖，甚至会使海上风暴更频繁地出现。

前面我们有说过，南极因为有很多巨大的冰川，因此它是世界上最大的淡水库，有70％的淡水都储藏

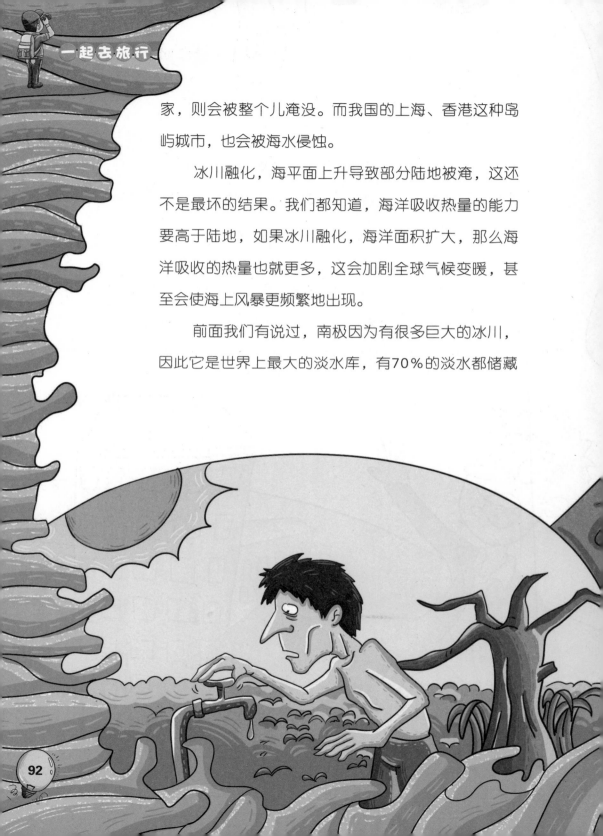

在冰川之中。如果冰川融化，短期内就会造成洪涝灾害，但长此以往，那些依靠冰川径流来供水的地区势必会出现干旱缺水的情况。而且科学家们认为，远古冰川中可能含有未知的微生物和病毒，如果冰川真的全部融化的话，这些物质就会暴露出来，威胁到人类的健康。

尽管冰川全部融化这种现象不太可能会发生，但全球气候变暖是不争的事实，并已经开始对我们的环境造成影响。为了避免这种情况的恶化，我们应该从小就树立起保护自然环境的意识，尽自己的力量来呵护我们的地球母亲。

植物能在极地生长吗

到了春天、夏天的时候，花园里的植物枝繁叶茂，而到了秋天、冬天的时候，它们的叶子就渐渐掉光了。我们都知道，植物的这种生长习性跟温度有着很大的关系。极地比我们的居住环境可冷多了，那么，极地是不是一片荒芜，没有任何植物能在那里生长呢？

答案是否定的。虽然极地温度很低，一般的植物很难在那里成

活，但那里也并不是寸草不生的。有一些植物就适应了极地寒冷无比的环境，在那里安家落户。

南极的温度比北极要低得多，而且还总有大风，所以南极的植物比北极要少，多是一些苔藓类和藻类植物。而北极的植物种类则更多一些，在北极圈里，光是能开花的植物就有100多种。

生长在北极的开花植物有一个很有趣的特点，那就是向阳生长。它们跟向日葵一

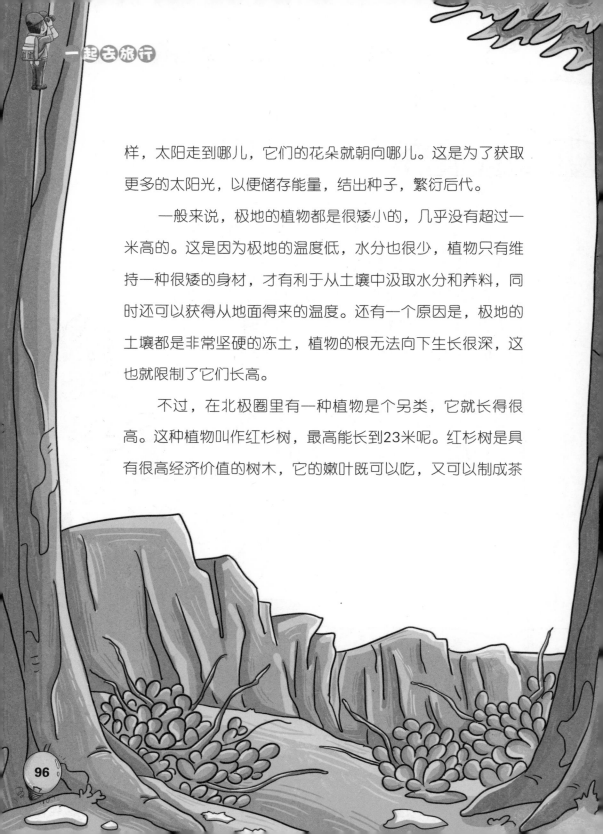

样，太阳走到哪儿，它们的花朵就朝向哪儿。这是为了获取更多的太阳光，以便储存能量，结出种子，繁衍后代。

一般来说，极地的植物都是很矮小的，几乎没有超过一米高的。这是因为极地的温度低，水分也很少，植物只有维持一种很矮的身材，才有利于从土壤中汲取水分和养料，同时还可以获得从地面得来的温度。还有一个原因是，极地的土壤都是非常坚硬的冻土，植物的根无法向下生长很深，这也就限制了它们长高。

不过，在北极圈里有一种植物是个另类，它就长得很高。这种植物叫作红杉树，最高能长到23米呢。红杉树是具有很高经济价值的树木，它的嫩叶既可以吃，又可以制成茶

叶，而且树干可以用来做家具。北极也有柳树，不过这种极地柳看上去更像灌木，只有30～60厘米高。极地柳开出黄色的小花，叶片是圆形的，可以食用。极地柳的叶子中所含的维生素非常高，是橘子的7～10倍。

极地有一种常见的苔藓叫作石牛肚。它有着棕色或黑色的圆形叶片，不仅可以食用，而且营养价值很高。吃石牛肚时要先将它在水里浸泡一晚，去掉叶片中的苦味，然后才能煮着吃。要是你把它烤熟再吃，味道会更加鲜美！

比起生活在极地的人们，我们一年四季都能欣赏到各种各样的花草树木，这其实也是一件值得感恩的事情。在我们了解了极地植物之后，应该更加珍惜我们身边的植物，多多植树种草，让我们的环境更舒适美丽！

什么**动物**能够生活在极地

　　我们知道南北两极的自然条件和其他地区相比，是非常恶劣的，所以很多常见的动物不能在这里生活，那是不是说这里就没有动物呢？答案当然是否定的。很多适应性超强的动物都在这里自由自在的生活呢！比如企鹅、北极熊这些我们熟悉的极地动物，还有其他很多我们不知道的，就让我们一起走进它们吧！

　　首先我们来了解南极的动物，最有代表性的就是企鹅了。这种看起来胖胖笨笨的动物主要生活在南极，在北极是没有的哦。企鹅是一种迁徙的鸟类，夏季主要集中在南极的海岸地带生

活，它们不能飞翔，但是身体的最下部有脚，所以能够直立行走，走起来的样子非常可爱。除了企鹅之外，南极还生活着磷虾、鳕鱼等很多海洋动物。

北极虽然没有企鹅，但是这里有北极狐、北极狼、白鲸、雪兔等很多种动物，可是比南极的动物种类多很多呢！

你们知道什么是北极狐吗？这是一种看上去像我们家里养的小花猫大小的动物，非常可爱，让人忍不住想抱起来亲近一下。它们的毛在不同的季节会有不同的颜色，在冬天的时候除了鼻头是黑色的外，全身都是雪白的，但是到了夏天，它的毛就会变成青灰色，非常神奇。

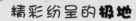

　　北极狐除了能变换皮毛颜色外，还能在冰上飞快地跑来跑去，完全不会打滑，这和它的脚底长着一层长毛有关系。这是为什么呢？原来北极的冰面虽然很滑，但是北极狐的长毛增加了脚底与地面的摩擦力，所以它走在上面就像小花猫走在平地上一样轻松，当然不会打滑了！

　　相对于北极狐的娇小，白鲸可就称得上是"巨人"了。一般的白鲸身长就能达到4米，体重为1吨左右。白鲸全身都是白色的，这在北极是很有用的保护色。白鲸不仅长得憨态可掬，惹人喜爱，而且还很有表演才能，它们能在水下唱歌，被称为"海洋中的金丝雀"。白鲸还能发出各种各样的声音，所以又有"口技大师"的称号，它们不仅能模仿各种野兽的吼声、家畜的叫

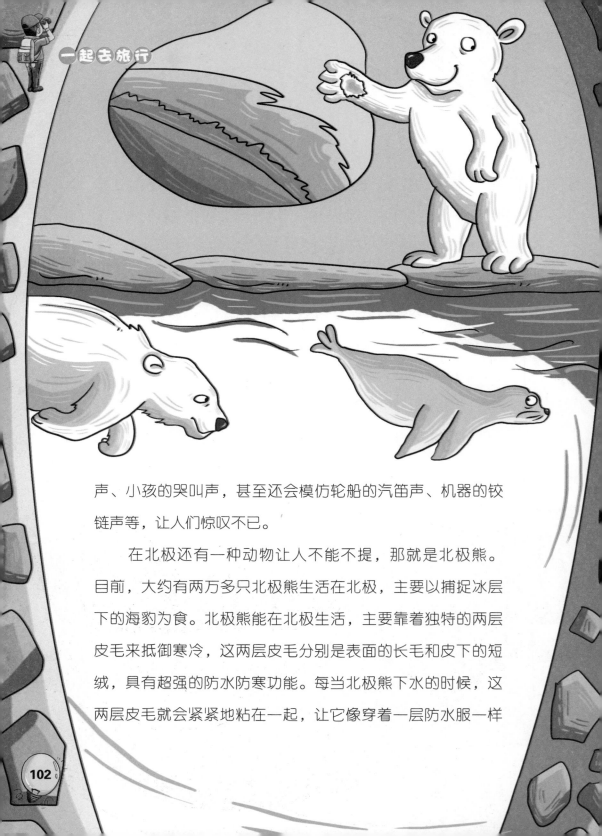

声、小孩的哭叫声，甚至还会模仿轮船的汽笛声、机器的铰链声等，让人们惊叹不已。

在北极还有一种动物让人不能不提，那就是北极熊。目前，大约有两万多只北极熊生活在北极，主要以捕捉冰层下的海豹为食。北极熊能在北极生活，主要靠着独特的两层皮毛来抵御寒冷，这两层皮毛分别是表面的长毛和皮下的短绒，具有超强的防水防寒功能。每当北极熊下水的时候，这两层皮毛就会紧紧地粘在一起，让它像穿着一层防水服一样

不用担心水的侵入。另外，北极熊的熊掌粗糙，掌底长毛，这让它像北极狐一样可以抓住滑滑的冰面，从而自由地行走。

这些生活在南北两极的极地动物，非常的珍稀，我们除了可以在电视里了解到它们的生活习性外，还可以在很多城市的海洋馆里亲眼见识一番。很多极地动物，像企鹅、北极熊、海豹、白鲸等，通过训导员的培训，都可以表演很多节目，特别是大白鲸，还能亲吻、唱歌、跳舞呢！真是太可爱了！

企鹅为什么不能飞

　　在我们的印象中，南极的企鹅总是像个绅士一样身穿"燕尾服"，伸着两个小翅膀，走起路来胖胖的身体摇摇晃晃的，非常可爱。

　　在很多小朋友的心里，也许都有这样的疑问：企鹅有两个翅膀，它是属于鸟类吗？它们会飞翔吗？如果是的话，为什么我们从来没有看见过？

　　毫无疑问的答案是：企鹅属于鸟类，它们虽然有两个翅膀，但是它们却不会飞翔。

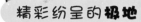

　　我们不必因为企鹅不能飞翔而遗憾，因为任何动物的进化都是它们适应生存环境的结果。企鹅要在寒冷的南极生存，必须具有厚厚的脂肪，这样才能抵御寒冷。在这种条件下，再想飞行就是非常困难的。一方面，飞行是非常剧烈的运动，需要消耗掉体内大量的脂肪，这在寒冷的南极是非常危险的事情，而且损失太多的营养会让企鹅的生命受到威胁。另一方面，企鹅敦实的体重，很容易把挥动的翅膀折断，即使勉强起飞，它们的翅膀也必须快速地扇动，这样剧烈的运动不但会让它们的骨骼粉碎，严重的话还能让它们失去生命。因此，环境的变化让企鹅再也不能飞翔了。

　　其实，不能飞对企鹅来说一点坏处都没有，虽然鸟类都是靠飞行来捕食昆虫，但是在南极这样恶劣的自然环境中，根本就没有昆

虫能够生存下来，所以企鹅不用靠飞行来寻找食物，它们可以通过游泳去吃水中的磷虾和小鱼。

这样企鹅的小翅膀虽然不能飞翔，但却有了别的用处，那就是帮助游泳。企鹅的翅膀又被称为鳍肢，在它入水捕食的过程中，鳍肢能够起到很大的作用，企鹅通过对鳍肢快速摆动，增加前进的动力，以便提高游泳的速度，这让企鹅很容易就能捉到足够的食物，把自己喂得胖胖的。

那么，企鹅们的小翅膀还有其他作用吗？当然，企鹅除了在水里捕食以外，还要在陆地上生活。当它们在陆地上快速行走时，企鹅的小翅膀可以帮助它们保持平衡，不至于因为速度太快而跌倒。

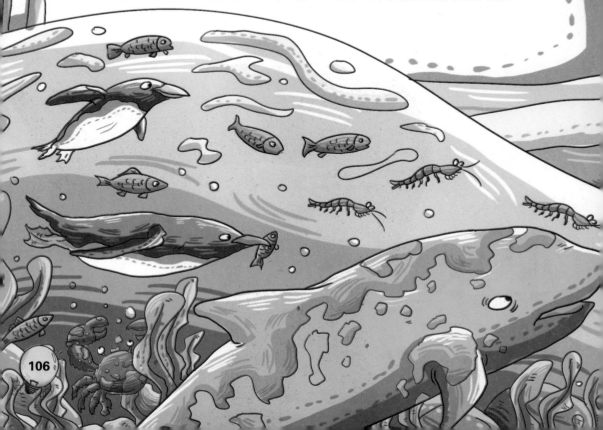

　　同时，当企鹅遇到危险的时候，它们还能保护企鹅迅速逃跑。陆地生活，给企鹅增加了许多危险。它们的天敌虎头鲸等经常会趁它们不备进行袭击，这时企鹅又可以借助翅膀在空中进行短距离滑翔，逃脱危险，避免成为别的动物的食物。

　　企鹅的翅膀从飞翔的工具变为游泳的辅助器，那么它们又是怎样抵挡寒冷的呢？原来企鹅的那身"燕尾服"正是它们防寒的秘密武器呢！这身漂亮的"衣服"很厚，分为两层，虽然看起来华丽，但却不像别的鸟类的羽毛那样柔软舒适，而是又短又硬。与自身其他地方的羽毛相比，企鹅屁股上的羽毛非常长，这是因为当企鹅站起来的时候，这些尾巴上的羽

毛可以用来支撑全身的重量。

　　企鹅的羽毛也是一年一换，每当南极温暖的夏季来临的时候，企鹅就会狠狠吃上十几天的食物，然后就开始更换羽毛，迎接寒冷冬天的到来。很多企鹅在换毛完成后，体重只剩下原体重的三分之二，三分之一的体重被消耗掉。如果一只企鹅不能拥有一身丰满的羽毛，就很可能因为失去这层防御被活活冻死，所以这是一项很重要的工作。但是仅仅是这样还不能抵挡南极的寒冬，在完全被黑暗笼罩的极夜时期，气温能够降到-70℃以下，企鹅两层丰满的羽毛也抵挡不了这样的严寒，这时聪明的企鹅们就会挤成一团，一圈一圈走动着，轮流保护大家度过寒冷的冬天，真是一群聪明友爱

的动物啊!

　　现在的企鹅虽然不能真正飞翔了,但是根据专家们对企鹅化石的研究,企鹅的祖先曾经也像现在的老鹰一样,可以在天空自在地飞翔。由于环境的变化,直到65万年前,企鹅的翅膀渐渐变成现在的样子。又经过几十万年的时间,企鹅全身也慢慢进化成现在憨态可掬的模样。

　　在我们的眼中,企鹅长的都差不多,永远都是黑白相间的羽毛,橙黄色的嘴巴,走起来一摇一摆。南极的企鹅共有7种,每种企鹅都存在很大的差别,比如其中的帝企鹅,它们身高平均有100厘米左右,体重能有50千克呢!

谁孵化了企鹅宝宝

相比其他鸟类，企鹅们孵化企鹅宝宝的方式，有着自己的独特之处，那就是更加辛苦，更加艰难。

企鹅们通常在冬季进行交配孵化。在南极相对温暖的夏天，企鹅们会在海里疯狂进食，把自己养得胖胖的，为它们的繁殖做好准备。当冬季来临时，它们就会冒着恶劣的天气，走很远的路，到达

南极大陆的深处进行交配繁衍。在这个过程
中，没有食物，它们只能依靠之前体内储存的营养支撑，虽然南极
的冬天非常寒冷，但是没有一只企鹅会在半路停下来。

　　终于到达目的地，虽然到处都是冰天雪地，但是企鹅们都开始
展开歌喉进行歌唱，来吸引异性的注意，原本安静的南极也就变得
非常热闹。求偶过后，企鹅们都找到了各自的伴侣，南极也安静下
来，企鹅们的世界也不再混乱。每对企鹅都谈起恋爱，它们一起散
步，也一起为对方梳理羽毛，还一起筑造自己的小窝。企鹅们和其
他动物不同，它们一生只有一个伴侣，对待爱情和家庭都非常的忠
贞。为了打造舒适的巢穴，企鹅爸爸们和妈妈们会走很

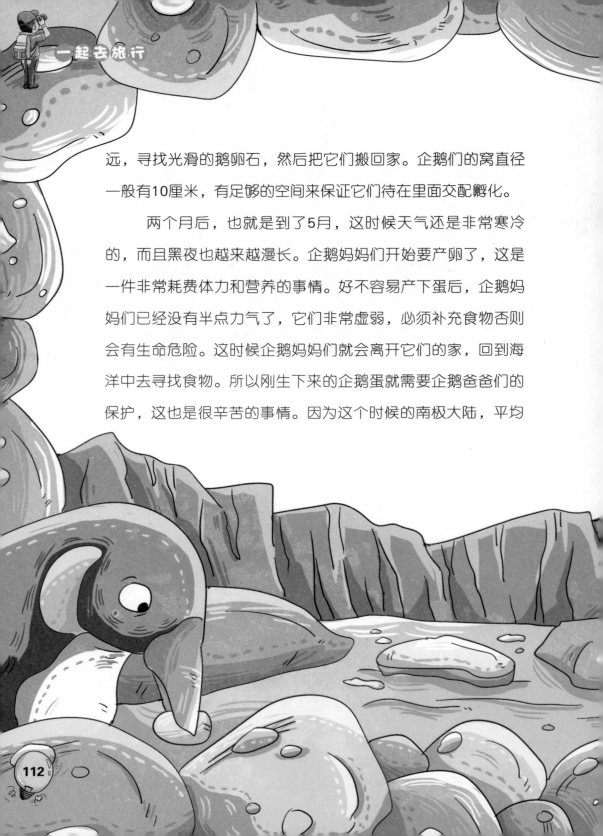

远，寻找光滑的鹅卵石，然后把它们搬回家。企鹅们的窝直径一般有10厘米，有足够的空间来保证它们待在里面交配孵化。

两个月后，也就是到了5月，这时候天气还是非常寒冷的，而且黑夜也越来越漫长。企鹅妈妈们开始要产卵了，这是一件非常耗费体力和营养的事情。好不容易产下蛋后，企鹅妈妈们已经没有半点力气了，它们非常虚弱，必须补充食物否则会有生命危险。这时候企鹅妈妈们就会离开它们的家，回到海洋中去寻找食物。所以刚生下来的企鹅蛋就需要企鹅爸爸们的保护，这也是很辛苦的事情。因为这个时候的南极大陆，平均气温在-60℃，这个温度很容易把企鹅蛋冻裂，为了避免这样的不幸发生，企鹅爸爸们会在企鹅妈妈们外出之前，小心地用嘴把蛋从企鹅妈妈们的脚上铲到它们自己的脚背上，然后抬起前掌，把蛋放到肚子下由肚皮褶皱形成的孵化袋里，将其紧紧包裹起来，开始接替孵化企鹅宝宝们的工作。为了让企鹅蛋保持在零度以上的孵化温度，企鹅爸爸们还要将企鹅蛋一直托在它们自己的双脚上，一刻也不能放松！但是由于天气太冷了，企鹅爸爸们不得不将它们的身体贴在一起取暖，这样才能保证企鹅宝宝们顺利的出生。

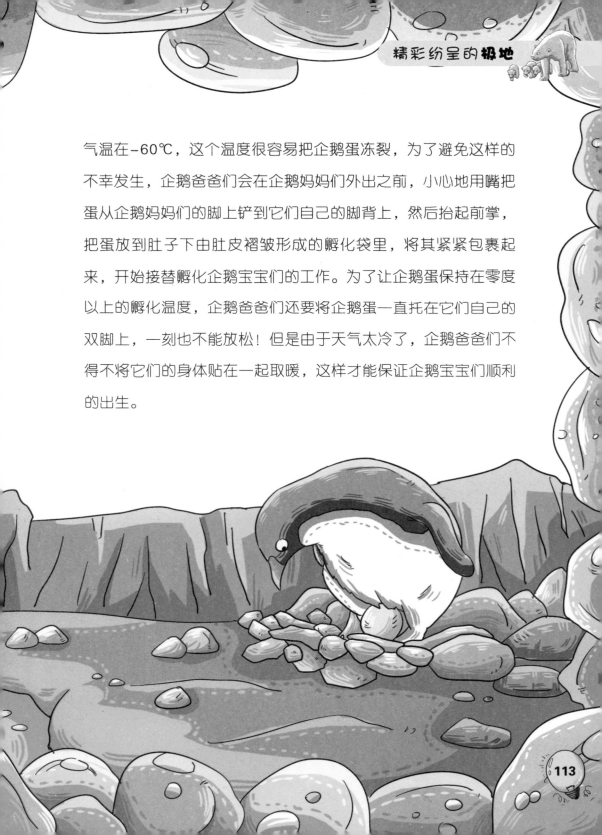

　　企鹅妈妈们其实一点儿也不比企鹅爸爸们轻松，在返回海洋的道路上，不但天气恶劣，而且由于没有企鹅爸爸们的保护，所有危险只能靠它们自己单独来面对，可以说要经过千难万苦才能到达海洋。

　　经过两个多月的辛苦孵化，企鹅宝宝们终于破壳而出了。由于两个月没有进食，企鹅爸爸们原本漂亮的羽毛不见了，全都黯淡无光，体重也从原来的30～40千克，降到20千克左右。这时候长途跋涉的企鹅妈妈们终于回来了，与瘦弱的企鹅爸爸们不同，企鹅妈妈们经过外出觅食，全都吃得圆滚滚的，摇摇晃晃地回家来了。

　　经过短暂的相聚，轮到企鹅爸爸们去海洋觅食，补充体力了，而企鹅妈妈们又要接替企鹅爸爸们，抚养企鹅宝宝们了。

北极熊的毛为什么是白的

你见过北极熊吗？它们的毛洁白如雪，非常美丽。北极熊因此又有一个名字叫作"白熊"。不过，你知道它们的毛为什么是白色的吗？

其实，北极熊的毛只是看起来像白色而已。它们的毛是透明的，没有颜色，而且，它们的皮肤是黑色的哦！

人们长久以来都认为北极熊的毛是白色的，直到有一次，一位科学家把北极熊的毛放到显微镜下观察才发现，它的毛其实是一根透明的小管儿！也许你会觉得不服气，觉得北极熊怎么看都是白色呀。告诉你吧，那是因为你被光线的折射骗到了！当光线照进北极熊的毛发中时，这些"小管儿"的内部出现了凌乱的折射，使它们从外面看起来就是白色的。

　　北极熊的"白色"皮毛具有很重要的作用。首先，在北极的冰天雪地中，白色是最好的保护色。有了白色做伪装，北极熊就可以悄悄地靠近猎物而不被发现。其次，这些"小管儿"是非常好的吸热工具，它能够吸取热量，然后再传给北极熊的黑色皮肤。黑色的吸热能力也是很强的，这样北极熊就很好地保证了身体所需的热量，从而在北极的寒冷环境下不会觉得冷。

　　前一阵子，在美国芝加哥的一所公园里还发生过一桩有趣的事。该公园里有几只北极熊的毛变成绿色的了！经过专家研究才知

道，那时芝加哥的天气潮热，苔藓长到了北极熊的"小管儿"里，所以它们的毛就变成了绿色的了。

其实，北极熊的祖先是爱尔兰棕熊。在两万年前，北极熊跟普通的棕熊一样，也是棕色的。为了适应北极的环境，经过了上万年的进化，它们现在才拥有了这种看起来是白色的皮毛。动物的这种进化是不是很奇妙呀？

各种颜色的吸热能力有差别吗？

不同颜色的吸热能力是有差别的。一般来说，颜色越深，吸热能力越强。在各种颜色中，白色的吸热能力是最弱的，而黑色的吸热能力则是最强的。因此，在夏天时人们都喜欢穿白色或者浅色的衣服，因为这种衣服不吸热，穿上之后人们不会感到闷热。而在冬天时人们都喜欢穿黑色或深色的衣服，这样可以使自己更加暖和。

北极熊是怎么生存的

　　世界上的熊分为很多种类，比如有黑熊、棕熊和北极熊等。那么，亲爱的小朋友们，你们知不知道，在这么多的熊里面，北极熊的生存方式是怎样的呢？

　　科学家经过调查研究发现，在世界上所有的熊里面，最大的就

要数北极熊了。而且在陆地上所有的肉食动物里面，北极熊也是体积最大的。雄性北极熊的身体一般有2.5米长，体重大约有600千克左右。有一些身材比较高大的北极熊，当它用后腿站立起来的时候能有3.5米高，差不多是两个中等身高的成年男子加起来那么高，都快可以和大象平视啦！雌性北极熊和雄性北极熊比起来就娇小得多了，它们的身高和体重差不多也就只能达到雄性北极熊的一半。

大家看到的北极熊都显得笨笨的，但是它们其实有着非常灵敏的身体器官。北极熊都有着和我们人类差不多的视力和听力，除此以

外，它们的鼻子可要比我们的灵敏得多啦！大家都知道，狗狗有着非常好的嗅觉，但是北极熊有着比狗狗强7倍的嗅觉灵敏度。而且，它们奔跑起来速度也很快。

北极熊是食肉动物家族里面的一名成员，它们会捕食海豹、海象、白鲸、鸟类、鱼类等动物，在极度饥饿的情况下，少数北极熊甚至会主动攻击人类。它们的捕食大多都发生在夜间。

在动物的世界里面，熊类一般会有一个优点，就是它们会留下吃不完的食物等着下一顿再吃。可是，这个好习惯北极熊却没有养

成。它们只要吃饱了就会走开，从来不去管那些没有吃完的猎物。

北极狐、北极狼等食肉动物都非常喜欢它们的这个习惯，因为当它们饿的时候，吃些北极熊剩下的剩骨碎肉就能够填饱肚子了。因为北极熊需要积攒脂肪层来维持身体温暖，还需要储存能量以预防食物短缺的时候，所以北极熊最喜欢的就是猎物身体里面的脂肪。营养均衡这个道理北极熊也很懂得，它们知道只是吃肉对身体是很不好的，所以它们有时候也会吃一些植物，比如北极柳、浆果之类。北极熊有时候还会捞一些海边的海藻

来吃，这些海藻能够为北极熊补充身体所需要的矿物质和维生素。

　　北极熊还非常善于游泳，它们游泳的本领实在太高了，以至于曾经让人们认为北极熊是一种海洋生物。在世界上所有的熊里面，北极熊其实是非常"懒惰"的一种，除了捕猎以外，它要么趴着休息、睡觉，要么就去游泳，其他时间则都是在美美地享受好吃的食物。

　　北极熊天生就是捕猎高手，它们有时会潜游到水下，再慢慢地游到在冰面上休息的海豹旁边，然后从水中突然跳起来抓住海豹；有时则会待

在海豹经常出没的冰窟窿周围，如果海豹在冰窟窿里面露出头来，北极熊就会立马发动攻击，捉住海豹。

北极熊非常爱"臭美"，它们每天都会花很多时间来整理毛发，让毛发干干净净，漂漂亮亮的。

为了争夺食物，北极熊之间有时候也会发生"内斗"。一些体型小的北极熊看到更大的北极熊过来抢食，通常会无奈地把自己的食物让给对方。但如果是带着宝宝的北极熊妈妈，则会为了捍卫宝宝的食物而与"强盗"大打一架。

北极熊妈妈要怀孕约240天才能生下北极熊宝宝。尽管成年的北极熊个头很大，但刚出生的北极熊宝宝个头却非常小，长度也只有30厘米。刚出生的北极熊宝宝眼睛是紧闭着的，要过一段时间才会睁开。北极熊宝宝在出生一个月后就会走路了，等它们长到10个月学会了捕猎技巧，北极熊妈妈就会离开它们，学会让它们自己独立生活。

125

海豹是真的豹子吗

海豹和豹子，外形看上去差别非常大。海豹呆头呆脑，憨态可掬；豹子浑身斑点，威风凛凛。为什么它俩名字里都有个"豹"字，差别却有这么大呢？

　　你可不要被它们的名字骗了，就像海狮不是狮子，海狗不是狗，海兔不是兔子一样，海豹和豹子也没有一丁点儿的血缘关系。海豹主要生活在南极和北极附近，它们大部分时间生活在海里，而豹子则是生活在内陆平原地区，由此可见它俩的生活习性完全不同。

　　海豹虽然看起来有点呆呆的，但它们可是捕猎的一把好手呢。它们的身体是流线型的，这样在水中游动时能减少阻力，加快速度；它们的四肢非常灵活，游泳的时候能够像小桨一样摆动；

它们的眼睛有着大而圆的晶状体，便于在水下观察；它的耳朵没有耳廓，这也是为了减少在水中游泳时的阻力，而且入水的时候耳朵会自动闭合，防止海水倒灌。这些特性都使海豹能够在水中更轻松地捕食。

它们主要吃海洋里的鱼类和贝壳类动物，吃掉的东西很快就转化为皮下的厚脂肪。这层脂肪的用处可大着呢，当海豹在水里游泳的时候，这层厚厚的脂肪能够增加它们在水里的浮力；当缺少食物的时候，这层厚厚的脂肪就可以转化为能量，让海豹维持生命。

　　海豹大部分时间都生活在海里，只有在繁衍和褪毛的时候才会到陆地上来。雄海豹会在陆地上向雌海豹求偶，雌海豹则会在陆地上产下宝宝。雌海豹产下宝宝后，会给它们哺乳4周，等到海豹宝宝断奶后就会独自活动了。

　　海豹的举止憨厚有趣，很容易赢得孩子们的喜欢，因此很多海洋公园都引进了海豹进行人工饲养。海豹非常聪明，很多表演节目一学就会，我们可以在海洋公园欣赏到它们顶球、花样游泳之类的节目。

　　但是，可爱的海豹如今正在遭遇很大的危险，因为它们的皮毛

能做很保暖的衣服，它们的肝脏可以制成滋补品，它们的牙齿也可以加工成工艺品，因此很多贪婪的偷猎者瞄上了它们，在极地对它们大肆捕杀，造成了海豹数量的急剧下降。

现在，世界动物保护协会正在努力寻求保护海豹的有效方法，欧盟也颁布了法律，禁止海豹制品的流通。通过这些举措，相信海豹们总有一天能重新过上安全平静的生活。

海豹油的神奇作用

生活在北极附近的因纽特人，很少患有心脑血管、高血压和癌症等疾病。到了20世纪70年代，科学家们终于揭开了这个谜底，原因就是因纽特人会经常食用海豹油。海豹油对预防与治疗心脑血管疾病和癌症有很好的作用。因纽特人之所以长寿，是和海豹油有着极大的关系。也正是因为海豹油的巨大经济价值，近些年来大量野生海豹被捕杀，导致海豹的数量急剧减少。

极地的**鲸鱼**有多大

鲸鱼虽然名字里带个"鱼"字，但它们并不是鱼类。鲸鱼属于哺乳动物，同时也是世界上最大的动物。最大的鲸鱼足有30多米长，最小的也有10多米，真是名副其实的"大个头"。

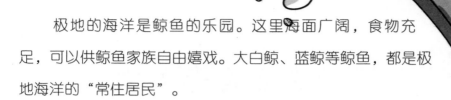

极地的海洋是鲸鱼的乐园。这里海面广阔，食物充足，可以供鲸鱼家族自由嬉戏。大白鲸、蓝鲸等鲸鱼，都是极地海洋的"常住居民"。

鲸鱼不是鱼类而是哺乳动物，因此它们繁衍后代的方式不是产下鱼卵然后孵化，而是直接产下小鲸鱼宝宝。在鲸鱼宝宝小的时候，也是需要鲸鱼妈妈用乳汁来喂养的。鲸鱼不是用腮呼吸的，它们的身体构造和鱼类不同，而是可以把空气储存到身体里。在海里打渔的水手们偶尔会看到鲸鱼在海面上喷出长长的水柱，这就是鲸鱼独特的呼吸方式。鲸鱼的视觉虽然不算好，但是听觉却非常灵敏。它们能够感受到超声波，可以通过回声定位来进行捕食、逃避

敌害以及寻找同伴。

在鲸鱼家族中，最挑食的就要属蓝鲸了。它们只喜欢吃生长在南极的磷虾，而且饭量巨大，一天能吃8亿只磷虾，重量高达4000～8000千克。蓝鲸不仅吃得多，而且饿得也快。只要腹中的食物少于2000千克，它们就会开始觉得饿。因此，蓝鲸每天的主要任务就是吃东西。它们的嘴巴上有两排板状筛子一样的触须，肚子里有很多像手风琴风箱一样的褶皱，既能扩大也能缩小。因此，蓝鲸的捕食方式看起来非常简单，它们只需要张大嘴巴到磷虾密集的地方游一大圈，然后把嘴闭上，肚子一鼓把海水吐了出来，磷虾正好被触须隔在了嘴里，非常轻松。

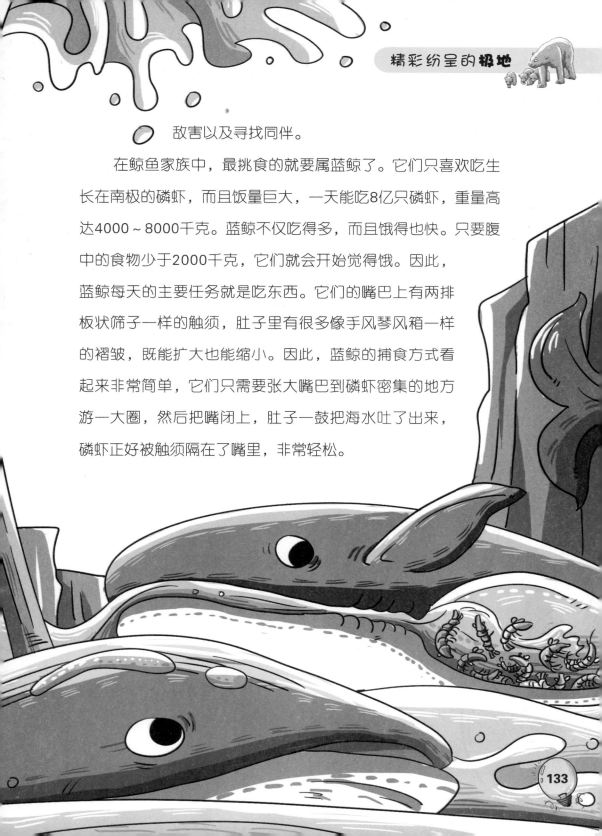

　　蓝鲸这么能吃，因此长得巨大无比。成年蓝鲸仅舌头就有2000千克重，头骨有3000千克重，肝脏有1000千克重，心脏有500千克重，全身血液也有8000千克重，血管粗得能装下一个小孩儿。这样的庞然大物，也只有广袤无垠的海洋才能装得下它们。

　　尽管蓝鲸和大白鲸体型巨大，但它们也敌不过那些贪婪的捕猎人。由于它们具有很高的经济价值，所以每年它们都会被大量猎杀。一些有识之士已经意识到保护鲸鱼的重要性，通过各种途径来呼吁人们停止捕杀鲸鱼，宣传保护鲸鱼对维护海洋世界生态平衡的意义。相信通过我们的努力，一定能够让鲸鱼们更无忧无虑地生活。

传说中的南极生物——宁恩

近年来，一直流传着南极存在一种神秘生物"宁恩"的说法，甚至有人说拍到了这种生物的照片。到底什么是"宁恩"呢？

据说，"宁恩"是一种外形上有点像人类的生物，它只存在于南极。人们给这种生物起了个名字，叫作Ningen，中文名字就叫作"宁恩"。

135

在2002年，有人声称在南极看到了一种外形像人的神秘生物。据说它们皮肤光滑，还能站起来用双腿行走。有手臂，每只手有5个手指，全身雪白，但是比人类要高大。还有一种说法是，宁恩有点像人鱼，身上还长着鳍，有时候在海里见到这种生物，会让人以为它们是船或者潜艇什么的。

宁恩到底是一种什么样的生物呢？这种生物真的在南极存在吗？它们是从哪里来的呢？关于这些问题，有着各种各样的答案。

有一种说法是：宁恩是由鲸鱼变异而产生的。这就解释了，为什么有目击者称宁恩有30多米长，如果它们真的跟鲸鱼有血缘关系，那么它们的巨大身体也就不足为奇了。而且，鲸鱼、海豚等生物的确被发现有变异的情况，曾经有日本

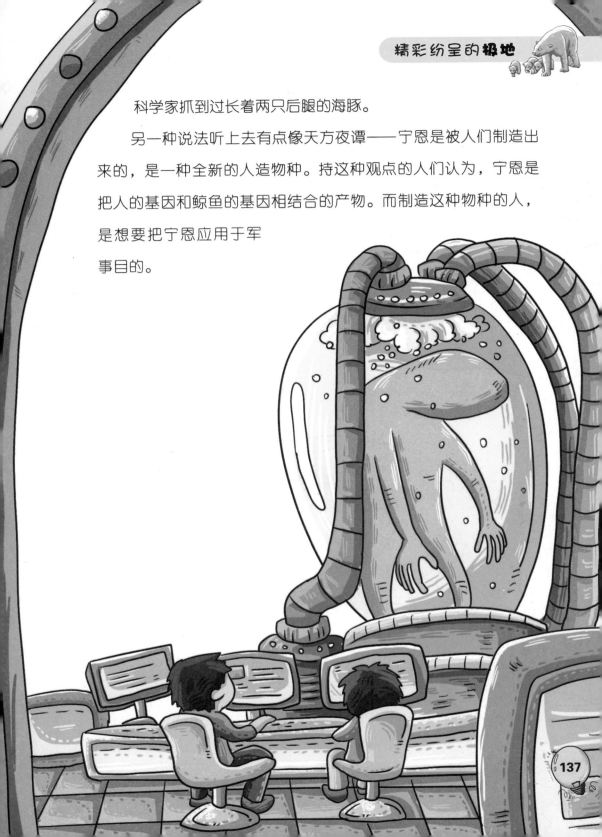

科学家抓到过长着两只后腿的海豚。

另一种说法听上去有点像天方夜谭——宁恩是被人们制造出来的，是一种全新的人造物种。持这种观点的人们认为，宁恩是把人的基因和鲸鱼的基因相结合的产物。而制造这种物种的人，是想要把宁恩应用于军事目的。

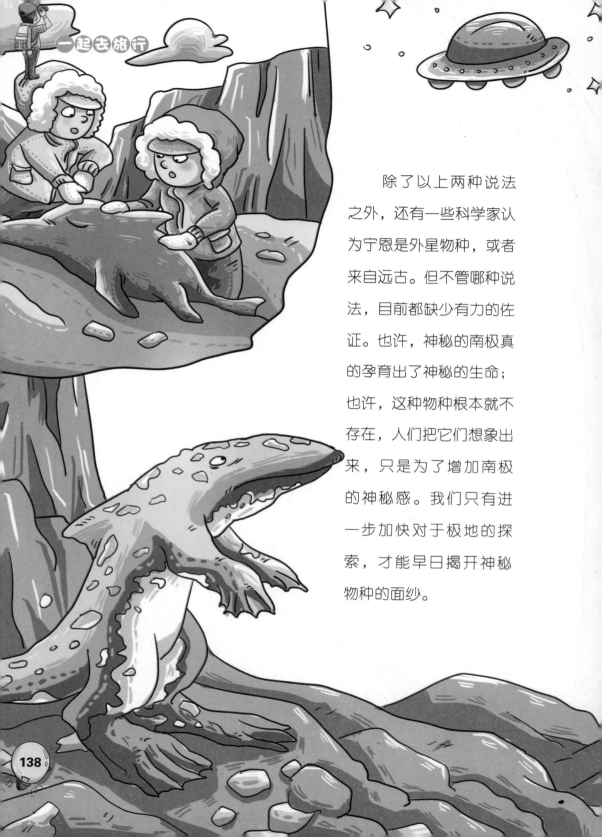

　　除了以上两种说法之外，还有一些科学家认为宁恩是外星物种，或者来自远古。但不管哪种说法，目前都缺少有力的佐证。也许，神秘的南极真的孕育出了神秘的生命；也许，这种物种根本就不存在，人们把它们想象出来，只是为了增加南极的神秘感。我们只有进一步加快对于极地的探索，才能早日揭开神秘物种的面纱。

生活在北极的"时装大师"——雷鸟

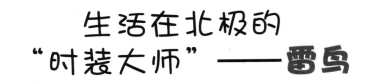

雷鸟不仅生活在北极的苔原冻土带，在一些高海拔山区也有它的影子。雷鸟虽然飞得很快，但无法飞得很远。它善于在雪地上奔走，羽毛也会随着季节的变化而变换颜色。雷鸟是一种有着神秘传说的鸟，在北美的印第安神话里，它是全能神的化身，可以引发雷电。在中国，雷鸟则是传说中"龙生九子，凤育九雏"中

"凤"的后代。

雷鸟是一种中小型鸟类，体长36～40厘米，多数时间为群居，在繁殖时期则实行一夫一妻制，雌鸟则会在灌木丛、草堆或有地衣的岩石上筑巢，雄鸟会和它一起抚育幼鸟。

雷鸟一窝能产5～10个鸟蛋，还有的甚至能产12个鸟蛋。雷鸟的蛋壳是淡黄色的，上面有褐色的小斑点。雌鸟会耐心地卧在窝里把它们孵化出来。

在夏季的时候，雷鸟喉部和胸部的羽毛是土黄色，背上的羽毛是黑褐色或黄棕色的，羽毛的尖端有白色的边。到了冬季，雷鸟的羽毛就变成了白色，只有尾部是黑色的。

因为祖祖辈辈都生活在寒冷的北极，所以它也进化出一系列

适应北极环境的特性。比如，雷鸟的腿上有厚密的毛，一直覆盖到脚趾，能起到保暖的作用；它的脚趾上也长着长毛，这样不仅能保暖，而且在冰原上行走时还可以防滑；它的鼻孔外面也披覆着羽毛，这样既能抵挡寒风，也方便向下啄取食物。

那么，为什么雷鸟会被称为"时装大师"呢？这是因为雷鸟有着频繁更换羽毛的习惯，就跟时装模特总要换衣服一样，时尚而华丽。雷鸟每个季节都要更换一次羽毛，春季和秋季是局部更换羽毛，夏季和冬季则是全身替换。雌鸟"结婚"后一年要换3次羽毛，雄鸟则更讲究，会换上华丽的"婚羽"——就是特别绚丽的羽毛，因为雄鸟需要用这种充满色彩美的羽毛来追求配偶。

其实，雷鸟更换羽毛可不是为了赶时髦，而是经过长期进化形成的一种自然特性。北极这么冷，如果它不能时常更换保暖的新羽毛，那是无法在这里生存下去的。它那身漂亮的羽毛，其实是有着大作用的呢！

北极旅鼠有什么神秘之处

北极旅鼠是一种生活在北极的哺乳类小动物，外形很像老鼠，但比普通老鼠的身体更小一些。它们身长15厘米左右，尾巴粗短，眼睛明亮，看起来很可爱。但如果遭遇天敌，处于生死关头的时候，旅鼠也会拼命反抗，显示出勇敢的一面。旅鼠的毛上层是浅灰色或浅红褐色，而下层则是更浅的颜色。在冬天，它们的毛则会全

部变为白色。这种保护色可以让它们不被天敌发现。

旅鼠是哺乳动物，有着极强的繁殖能力。在每年的3月，旅鼠会生下它们的第一窝鼠宝宝，更令人惊讶的是，新生的小旅鼠宝宝出生后20天便可孕育它们自己的下一代，再经过20天的孕期，就能再生下一窝小旅鼠宝宝，每窝可生十几个。这样计算下来，一只旅鼠在一年中就可以繁衍成千上万只后代，真是让人惊叹不已呢！

因为繁殖需要消耗大量的能量，所以旅鼠的食量也是十分惊人的。旅鼠的食物包括草根、草茎和苔藓等几乎所有的北极植物，它们一顿可以吃比自身重量重两倍的食物，一直旅鼠一年大概要消耗约45千克的食物，所

以，人们戏称旅鼠为"肥胖忙碌的收割机"。

地球上所有的生物都在为了生存而竞争，但旅鼠却有一个奇怪的现象——旅鼠死亡大迁移。

传说，每当旅鼠繁殖得太多时，它们便会有组织地纷纷聚集在一起，浩浩荡荡地朝着一个方向出发。在沿途中不断有旅鼠加入，庞大的数量往往能达到数百万只。它们不绕路，不停地沿着笔直的方向前进，一直到大海的边缘也不停止，纷纷毫不犹豫地跳下去。瞬间，它们会

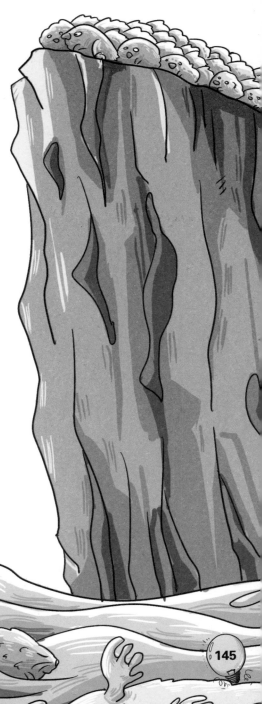

145

被波涛汹涌的海浪吞没，消失在无边无际的大海里。它们前赴后继，直到全军覆没为止。旅鼠的名字也是由这场周期性悲壮的死亡之旅得来的。

旅鼠为什么要自杀呢？许多动物学家都对旅鼠的死亡大迁移进行了详细的观察和研究，总想解开其中的奥秘，但

是都失败了。

今天，流传最广的一个原因是：由于旅鼠的繁殖能力太过惊人，吃得又多，每隔一段时间，旅鼠族群就会大到把周围的可食之物全部吃光。这时，为了减少旅鼠的数量，它们便会选择集体自杀。可能你会问：如果所有的旅鼠都这样跟着大军奋不顾身地跳进大海里去自杀，那么它们不是早该灭绝了吗？放心吧！当它们要进行死亡大迁移时，总是会留下少量的伙伴看家，并担任起传宗接代的神圣任务。

当然，也许旅鼠只是因为生活的地方缺少食物，所以成群结队地去寻找新的家园，才进行大迁移呢？也许它们是因为视力弱，所以看见大海的时候误以为不过是一条能趟过去的河流？也许它们在跳入大海的瞬间，才意识到大错铸成为时已晚呢？这些关于旅鼠的谜团，留待小朋友们长大后继续探索和研究吧！

北极麝牛为什么叫作"羊牛"

　　北极麝牛是一种生活在极地的大型野生动物。它们体格粗壮，四肢短粗，通体被长长的厚毛覆盖着。在60万年前的冰川纪就出现了麝牛，与之同时期的猛犸象、柱牙象等大型动物都由于气候的不断变迁或早期被人类大量捕杀而灭绝了。由此可见，麝牛拥有着多么顽强的生命力。

　　麝牛虽然长得很像美洲野牛，但它们的四肢和尾巴都非常短，耳朵也很小，这些都跟野牛不同。它们的亲缘关系更接近于羊，它们的角跟羊一样是从头顶上长出的，它们的臼齿也与山羊类似。科

学研究认为它们是牛与羊之间的过渡类型动物，所以人们又叫它们"羊牛"。

麝牛是一种群居动物，通常是一大群集体生活在多岩荒芜的地方。在没有危险的冬天，它们非常慵懒温顺，经常吃一点草、灌木的枝条或者雪地里的苔藓，然后就懒懒地躺在地上慢慢地咀嚼吞咽，甚至会进入梦乡。它们醒了之后，就再吃一点食物，细嚼慢咽、打瞌睡，如此循环往复。其实，它们这样做并不是因为懒惰，而是为了减少自身能量的消耗，降低对食物的需求。毕竟，在严寒的北极，植物相对来说还是比较紧缺的。

如果你认为麝牛会一直这么慵

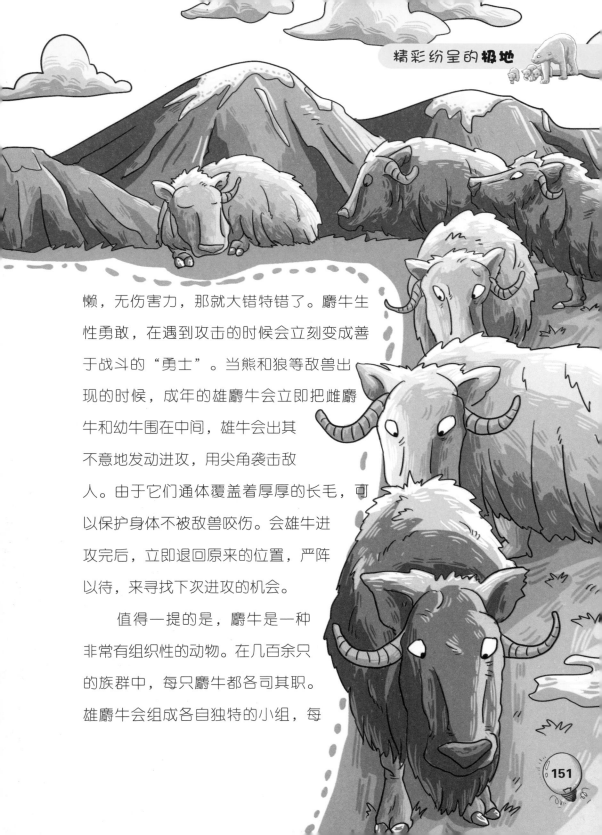

懒，无伤害力，那就大错特错了。麝牛生性勇敢，在遇到攻击的时候会立刻变成善于战斗的"勇士"。当熊和狼等敌兽出现的时候，成年的雄麝牛会立即把雌麝牛和幼牛围在中间，雄牛会出其不意地发动进攻，用尖角袭击敌人。由于它们通体覆盖着厚厚的长毛，可以保护身体不被敌兽咬伤。会雄牛进攻完后，立即退回原来的位置，严阵以待，来寻找下次进攻的机会。

值得一提的是，麝牛是一种非常有组织性的动物。在几百余只的族群中，每只麝牛都各司其职。雄麝牛会组成各自独特的小组，每

组又分别有自己的职责和"组长"。

当麝牛群活动时，雄麝牛会分散在四周担任警戒和保护的责任。

可能正是由于这么强的警惕性，才使得麝牛能从60万年前的冰川纪生存到了现在。但是，在这过程中，麝牛也经历过一些劫难。麝牛身上有的长毛可以一直拖到地上，长毛的下面又生有一层厚厚的优质绒毛，麝牛的皮毛能有效地减少热量散失，可承受时速96千米的风速和-40℃的低温。正是因为这些非常值钱的毛皮，麝牛曾经遭遇到人类疯狂的猎杀，以致麝牛的数量急剧下降，甚至到了灭绝的边缘。后来，人们意识到自己的错误，开始大量地人工繁殖、保护这种似羊非羊、似牛非牛的动物。现在，麝牛的数量快速回升，已经脱离了濒危的边缘，所以，我们才能看到这种奇特的动物。

为什么说**海象**是游泳高手

海象生活在海里，与陆地上的大象不同，它们不能在陆地上行走，因为它们的四肢为了要适应在海里的生活，已经退化成了像鱼一样的鳍状。

海象体形庞大，它们的身长大概3~5米，体重有1500千克左右。雄性海象的体形要大于雌性海象，有资料记载显示最重的雄性海象的身长达到6.9米，重达5000千克。

最让人印象深刻的是，无论雌雄海象都长着一对长长的獠牙。这对獠牙大概有30~40厘米长，有的甚至能

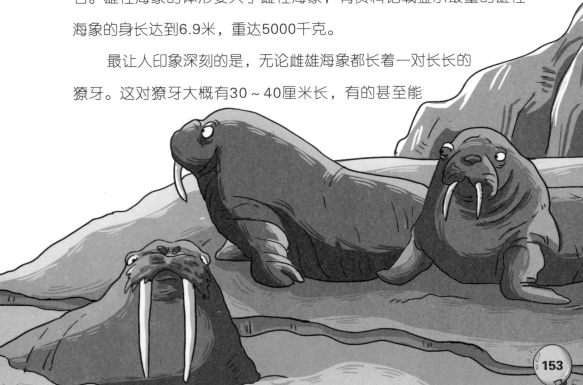

长到1米，非常坚硬，可以帮助海象凿穿冰层来挖掘食物，还可以作为在海里捕食的工具和攻击"敌人"的武器。另外，雄海象还用这对獠牙与其他海象战斗，通常拥有最长獠牙的海象就是这个兽群的首领。

海象虽然面貌丑陋、外形吓人，但是却拥有一颗温柔的心。它们对人类通常是很友善的，只有在受到骚扰和攻击使它们自身感觉到有危险时，才会发怒甚至咆哮。一旦发起脾气来，一只海象甚至能掀翻一艘大船！

在北极众多的海洋动物中，海象是一个出色的游泳健将。它们一般能在水中潜游20分钟，潜水深度可达到500米，但有的体质好的海象还能潜入水下1500米的深水层。海象在潜入海底后，可在海底

滞留两个小时，一旦需要新鲜空气，只需3分钟就能浮出海面上，而且无须减压的过程。海象之所以有如此惊人的潜水能力，主要是因为它体内有极为丰富的血液。一头体重2000～4000千克的海象，血液占整个体重的20％，而人类的血液仅占体重的7％，比海象少了将近三分之二。由于海象体内血液多，含氧量也多，所以在海洋中下潜的速度快、时间长也就不足为奇了。

在海象不游泳的时候，它们最爱做的事儿就是睡懒觉了。海象一生中的绝大多数时间都是在睡眠中度过的，除了趴在冰块上睡觉之外，它们也能在海里睡觉。在海里平卧时，半个脊背都露出水面，远远地看去像一座浮动的小山，随着波浪起起伏伏。当海象直立于海洋中睡觉时，头肩露在外面，就能顺利地呼吸了。当海象群睡觉时，一般会有一只海象在四周巡逻放哨，当遇到危险时它就会

发出公牛般的叫声，把酣睡的海象群叫醒，然后迅速逃跑。

海象哺育后代也是一件叫人不可思议的事儿。雄性海象在交配的季节里，为了争风吃醋，大打出手，甚至互相残杀。所以，大多数的雄性海象身上都伤痕累累。

小海象出生后，由它们的母亲担当抚养的重任。雌性海象经常与自己的孩子嬉戏，它们会用自己的前鳍抱着孩子，让幼崽骑在自己的背上或搂着自己的脖子。平时它们也会尽心尽力地照顾小海象，给孩子们捕食，保护它们不被袭击。如果小海象不幸夭折，悲痛的海象妈妈会想方设法地把孩子送回海里安葬；同样地，如果雌性海象被人类抓走，小海象也会一直到处哀叫着找海象妈妈。动物和我们人类一样，也有自己的感情世界，我们应该尽力保护动物以及它们赖以生存的自然环境。